THÉORIE

DES SCIENCES.

Paris. — Imprimerie de Cosson, rue du Four-Saint-Germain, 47.

THÉORIE

DES SCIENCES,

INTRODUCTION

A L'ENCYCLOPÉDIE DU XIXe SIÈCLE,

PAR M. LAURENTIE,

ANCIEN INSPECTEUR GÉNÉRAL DE L'UNIVERSITÉ,
MEMBRE DU COMITÉ DE DIRECTION DE L'ENCYCLOPÉDIE DU XIXe SIÈCLE.

PARIS,
AU BUREAU DE L'ENCYCLOPÉDIE DU XIXe SIÈCLE,
25, RUE JACOB.

—

1846.

THÉORIE

DES SCIENCES.

La vérité est ce qui est. A ce mot, répété souvent depuis Bossuet, se rattache la théorie des sciences.

Il s'ensuit en effet que la science en général a pour objet les réalités; car l'esprit ne saisit point ce qui n'est pas (1); et il s'ensuit encore que Dieu étant la réalité suprême, la science, quel que soit son objet propre, se rapporte toujours à Dieu comme à son terme (2).

Or, cette grande idée de la science appartient exclusivement au christianisme, et par cette simple indication on voit dès l'abord combien ce fut une étrange pensée des derniers temps de séparer le christianisme et la cience. Si la science n'est pas chrétienne, que peut-elle être? c'est-à-dire, si elle n'a pas Dieu pour règle et pour fondement, quelle est la fin probable de ses doutes, quel est l'éclaircissement possible de ses mystères (3)?

(1) « Le faux qui n'est rien de soi, n'est ni entendu ni intelligible, dit Bossuet. Le vrai, c'est ce qui est; le faux, c'est ce qui n'est pas. On croit quelquefois l'entendre, c'est ce qui fait l'erreur; mais en effet on ne l'entend pas, puisqu'il n'est pas. » *De la connaissance de Dieu et de soi-même*, chap. II, 16.

(2) « Il est certain qu'en Dieu est la raison primitive de tout ce qui est et de tout ce qui 'entend dans l'univers; qu'il est la vérité originale, et que tout est vrai par rapport à son idée éternelle; que cherchant la vérité nous le cherchons; que la trouvant nous le trouvons et lui devenons conformes. » *Ibid.*, chap. IV, 9.

(3) « Toute philosophie qui ne part pas de Dieu et ne ramène pas tout à Dieu, dit M. Ancillon, est par là même une philosophie manquée et fausse. » *Essai sur la science et la foi philosophique*, page 175.

Et toutefois on ne saurait nier que la science ne puisse pleinement et librement s'exercer sur des objets qui paraissent placés en dehors du principe chrétien, comme sont les objets de certaines connaissances pratiques et matérielles en quelque sorte, qui s'acquièrent par l'expérience de la vie, c'est-à-dire, par l'étude et la transmission des faits connus, et par la conquête graduelle de faits nouveaux.

Mais cette science, trop souvent dépourvue de philosophie, n'est pas, à proprement parler, la science humaine. Elle n'est pas cette science qui pénètre la raison des choses, et repose l'esprit de l'homme dans une sorte de sécurité, qui est la pleine certitude de la vérité (1).

La science moderne, séparée de la pensée chrétienne, a été une science de faits présentés dans leur forme la plus technique, et pour cela même la plus désenchantée.

Les grandes inductions, les touchans rapprochemens, les magnifiques analogies, les harmonieuses généralités que la science trouvait dans l'inspiration religieuse, ont disparu pour faire place à des nomenclatures où la nature est saisie par ce qu'elle a de plus extérieur, et dont le travail, après tout, souvent contesté et souvent détruit par des théories successives, a pu exiger sans doute une longue patience de recherches, mais n'a point révélé toujours un véritable effort de génie.

Grâce à Dieu! voici qu'un retour se fait sous nos yenx, qui tend à ramener la science humaine à sa source.

Les hommes ont senti autour d'eux un vide immense, lorsque, ayant péniblement fouillé dans les secrets du ciel et de la terre, ils se sont aperçus qu'ils n'avaient rien fait encore et que le mystère de la nature restait toujours obscur et impénétrable.

Alors ils se sont souvenus de Dieu, comme d'une solution nécessaire des difficultés qui enveloppent la vie et l'intelligence. Le matérialisme de la science s'est effrayé de lui-même. Un spiritualisme nouveau s'est fait jour parmi les nuages du scepticisme; spiritualisme vague et indécis encore, mais suffisant toutefois pour indiquer le besoin que les hommes ont éprouvé de se réfugier vers une lumière plus haute et moins douteuse que celle de leurs propres découvertes.

(1) « La science, dit M. Ancillon, se rapporte aux existences. Elle veut connaître ce qui est. Elle ne se contente pas de ce qui est relatif; mais elle tend à l'absolu, et s'occupe de lui exclusivement. Ce principe est la base commune de toutes les sciences. » *Ibid.*, page 207.

Nous n'abuserons pas de la facilité des citations. Mais nous avons d'abord voulu confirmer quelques propositions préliminaires par deux autorités contraires, celle d'un grand évêque catholique, et celle d'un philosophe protestant. Il nous eût été trop aisé de continuer ce travail de rapprochement, et de l'appliquer à toute la suite des démonstrations qui vont se déduire de ce début.

Cette modification de la science est aujourd'hui clairement aperçue; et ce n'est pas, comme quelques-uns le pourraient croire, à force de le souhaiter, une transformation déjà réalisée, et une pleine acceptation de la pensée chrétienne; mais c'est assurément une disposition heureuse à étudier sans défiance la part du christianisme dans le développement de la science humaine; et sous ce rapport purement philosophique c'est une admirable préparation à reconnaître la loi suprême qui pose Dieu en tête des connaissances, et fait de la révélation la condition fondamentale de tout le système de l'humanité.

C'est pour hâter la promulgation ou la reconnaissance de cette grande loi intellectuelle que des hommes de foi et de savoir ont tenté la publication d'un vaste ouvrage, où la réconciliation de la religion et de la science se fît d'elle-même, et par le simple effet des travaux de tous les hommes éclairés de cette époque.

Tel est l'objet de l'Encyclopédie du dix-neuvième siècle.

L'Encyclopédie du dix-neuvième siècle, c'est l'ensemble des sciences humaines envisagées sous le point de vue chrétien; ou plutôt c'est l'unité rétablie dans le domaine des connaissances; c'est la dignité rendue à l'intelligence; c'est l'utilité rendue aux études; c'est la perfection même rendue à tous les arts.

I.

Arrêtons-nous un seul moment à ce mot même d'encyclopédie qui, dans le langage moderne, semblait avoir reçu pour toujours une signification peu favorable aux idées chrétiennes.

La science, dans tout le cours du moyen-âge, ou, si l'on veut, du septième au quatorzième siècle, avait eu pour unique base et pour unique inspiration le catholicisme.

Ces siècles, long-temps réputés barbares, reparaissent aujourd'hui, sous la lumière de l'histoire, avec le caractère véritable de leur génie, un génie de soumission profonde, mais de conception forte et philosophique, qui se résume tout entier dans les travaux immenses de saint Thomas.

De cette vive empreinte de foi, la science, à la vérité, dut recevoir une longue habitude de disserter sur des faits connus, plutôt que d'aller à la découverte de faits nouveaux.

De là une méthode métaphysique, qui le plus souvent faisait abstraction de l'observation de la nature sensible, mais qui entrait avant dans la nature intellectuelle. Ce fut la méthode scolastique, méthode qui dégénéra dans la suite par l'abus des formules du syllogisme, méthode puissante toutefois à renfermer la pensée en ses limites exactes, et qui, d'ailleurs, semblait admirablement adaptée à la précision de la doctrine catholique, et de ses applications à la science humaine.

Mais à mesure que l'esprit humain s'accoutumait à marcher en dehors de cette règle, l'indépendance bouillonnait davantage au fond des ames. Il en arrive toujours ainsi, l'homme, qui se sent une puissance propre, aspirant naturellement à s'affranchir de toute loi extérieure et de toute autorité.

La science, par son progrès, rompit donc les lois qui la contenaient. Bacon jeta dans le monde une méthode nouvelle, méthode de raisonnement ou d'exposition, établie sur la pure expérience des choses, où la forme syllogistique ne paraissait plus, et qui par cela même ouvrait la porte à toutes les théories. Puis Descartes compléta la révolution, en la précisant et la réduisant à une hypothèse qui faisait l'homme auteur de sa propre science; de sorte qu'enfin la foi n'entrait plus comme élément constitutif de la raison humaine. A ce dernier terme la philosophie ne devait plus être qu'une science d'application, et tout le système des sciences, concentré dans la puissance propre de l'homme, devait à son tour faire abstraction des doctrines qui avaient été l'objet exclusif d'une méthode désormais négligée.

Remarquons qu'une révolution parallèle, mais autrement fatale, s'était déclarée, dans le sein même du christianisme, par l'appel audacieux de Luther à l'indépendance en matière de foi.

Tout marchait de concert à l'affranchissement ou au désordre; seulement les esprits les plus hardis dans la nouveauté retenaient quelque chose de la soumission ancienne, si ce n'est dans le fond de leurs théories, au moins dans la forme extérieure de leurs pensées.

Cela dura dans tout le cours du dix-septième siècle, et les systèmes nouveaux avaient pu ne donner lieu qu'à des controverse sans péril, parce que le respect de la religion était écrit dans toutes les opinions, même alors que le dogme chrétien n'en était pas l'inspiration logique et fondamentale.

Mais bientôt un nouveau siècle parut qui soupçonna tout ce qu'il y avait de caché au fond de la double doctrine religieuse et philosophique qu'il n'avait pas été donné à l'esprit de l'homme de développer d'un seul coup jusqu'au bout de ses conséquences.

Puis ce besoin avide d'indépendance se trouvant puissamment aidé par une ardente réaction des passions impies que Louis XIV avait contenues, il s'ensuivit un ensemble de luttes obstinées, au dernier terme desquelles devait se trouver un immense abîme.

Nous ne déroulons pas ici l'histoire des impiétés cyniques et débauchées, dont le siècle antérieur avait vu la naissance sous les formes d'une politesse élégante et magnifique, et dont la progression révélait à Leibnitz dans le début du siècle nouveau un mal qui allait dévorer l'Europe.

Mais restant renfermés dans la question scientifique, nous observons que l'indépendance des mœurs seconda l'indépendance de l'esprit, et par des causes où les vices humains eurent leur odieuse part, la philosophie devint un combat contre le christianisme, et toute la règle de ce combat fut le développement successif du principe qui fondait la science humaine en dehors de la foi.

D'abord l'anarchie fut grande dans cette armée de joûteurs contre la religion. Chacun avait sa corruption et son génie; mais la haine servit d'unité : le combat fut exterminateur.

C'est alors que, pour mettre quelque ensemble dans cette lutte, les plus habiles imaginèrent un grand travail scientifique, qui, embrassant tous les sujets, répondît comme une nécessité à tous les besoins; et sans mettre dans ce travail une perfection de système unique et bien arrêté, ils s'assurèrent que les inégalités de détail laisseraient toujours subsister leur propre pensée; et ainsi ils firent servir tous les arts, et même la science, et même la religion, au prosélytisme qui les brûlait.

Telle fut l'Encyclopédie du dix-huitième siècle.

Il est très remarquable que les auteurs de cet ouvrage n'y mirent pas de prime-abord un cachet anti-chrétien; et peut-être aussi leurs idées d'alors n'étaient-elles pas encore ce que devait les faire graduellement la force irrésistible de la logique humaine, laquelle contraint l'homme à marcher toujours dans l'erreur comme dans la vérité. On peut voir cette réserve encore timide dans l'Introduction de l'Encyclopédie, travail d'analyse très distingué, où la raison de D'Alembert, épuisée de labeur, laisse souvent échapper un cri d'impuissance et appelle à son secours la révélation.

Mais pendant que l'Encyclopédie se contentait d'exposer dogmatiquement la doctrine du sensualisme, comme une déduction scientifique de la philosopie affranchie de l'autorité, chaque écrivain, s'isolant de ce travail, reprenait sa liberté dans ses œuvres propres, poussant à bout la même doctrine, et arrivant aisément aux dernières limites du matérialisme.

Il y avait bien autre chose encore dans la philosophie de la raison pure; c'était un fonds d'erreur tout opposée au sensualisme, c'est-à-dire un idéalisme qui devait faire abstraction de toutes les réalités connues par la simple voie d'autorité. Mais la séparation du dogme philosophique en deux lignes ainsi distinctes, n'était pas bien faite encore, et comme après tout le christianisme restait le point central de la vérité qu'on voulait détruire, on n'allait pas à des systèmes bien définis, et chacun se trouvait assez philosophe s'il avait aidé à détacher une pierre de ce grand fondement des connaissances.

Telle fut en peu de mots toute la tendance de l'œuvre encyclopédique, tendance qui se manifesta en dehors de l'œuvre elle-même; car, ainsi que nous l'avons indiqué, l'œuvre garda un caractère de réserve qui tenait à des causes diverses, et peut-être à un profond calcul de prosélytisme, sous un pouvoir débile, qui voulait suivre le penchant de ces idées, mais aussi se retenait le plus possible, par le pressentiment sinistre des périls qu'elles recélaient.

Toujours est-il que l'Encyclopédie popularisa la philosophie anti-chrétienne, précisément parce qu'elle s'abstint d'un dogmatisme scientifique qui aurait effarouché tour à tour le peuple et l'autorité. Et aussi les plus habiles des conspirateurs n'étaient pas ceux qui voulaient à toute force mettre de l'ardeur dans la destruction; ceux-là eussent péri à l'œuvre. Les plus habiles furent les hypocrites, et encore, à la distance où nous sommes, il nous est permis de soupçonner que l'hypocrisie ne fut propre qu'à quelques-uns, et que dans la plupart des autres la modération fut de la timidité, soit que la société qui gardait encore sa foi déconcertât leur hardiesse, soit qu'eux-mêmes eussent peine à s'affranchir de toutes les croyances dans lesquelles leur intelligence s'était fécondée. Ainsi l'Encyclopédie fut désastreuse, non pas tant par l'énormité apparente que par la tendance secrète de ses doctrines. Et c'est pourquoi elles furent bientôt dépassées par des opinions excessives en présence desquelles la philosophie de D'Alembert eût pâli de terreur; c'est que l'esprit humain suivait son cours, et après qu'il s'était trouvé des philosophes assez hardis pour ôter le frein de l'autorité et la règle de la foi, il était simple qu'il se trouvât des philosophes assez téméraires pour abolir la raison même, et pour pousser le genre humain à la ruine.

II.

Enfin le cours de toutes ces doctrines, comme de toutes leurs conséquences, est achevé; elles sont allées se briser contre la fatale épreuve où tant d'autres choses ont péri, comme pour attester que les grandes erreurs humaines ne se réfutent que par les révolutions, cette logique inexorable, dont la voix n'est bien entendue que de l'avenir.

Mais ne voulant ici parler des doctrines encyclopédistes que dans leurs rapports avec le développement de l'homme intellectuel et moral, nous avons à remarquer seulement que l'intelligence du nouveau siècle, qui est sorti du fond de ces ruines, a paru à la fin s'effrayer du vide où la science avait été laissée, aussi bien que la poésie, aussi bien que l'histoire, aussi bien que tous les arts.

Alors il s'est fait un effort pour rattacher les travaux de l'esprit à quelque chose de plus haut, et toutefois on ne montait pas jusqu'au ciel.

L'école voltairienne a été atteinte par un de ces mépris tenaces et réfléchis, qui sont un triste exemple de ce qu'il y a de soudain dans les retours de l'enthousiasme; et toutefois on ne savait pas très bien quelle doctrine féconde devait remplacer cette inspiration extérieure et artificielle, qui chez le maître ressembla souvent à du génie, et chez les imitateurs ne fut que l'effort d'une nature frêle et mauvaise.

Enfin le siècle nouveau a tout fait pour paraître valoir mieux que le précédent; mais quelquefois son désir même l'a trahi, soit que des guides assurés lui aient manqué, soit qu'un reste de traditions corrompues ait dominé son bon vouloir; de telle sorte que parmi beaucoup d'indices qui semblent promettre un grand siècle de plus à l'histoire, vous ne voyez pas encore un de ces caractères fortement empreints qui disent d'avance quelle sera cette grandeur.

Notre conviction, à nous, c'est que le siècle ne sera grand que par l'acceptation ouverte de cette pensée chrétienne que l'Encyclopédie du siècle antérieur chassa de toutes les sciences.

Tout à présent est épuisé; le matérialisme est mort; l'athéisme est mort; l'éclectisme, qui est le choix de ce qui paraît bon et vrai, l'éclectime lui-même est mort. Tout est mort; les philosophies nouvelles, les religions nouvelles, l'illuminisme, le sensualisme, l'idéalisme, le saint-simonisme; en tout cela il n'y a plus de fibre animée, plus de pensée qui respire.

Et comment donc le siècle recevra-t-il son inspiration, et d'où tirera-t-il sa grandeur, si rien ne lui reste de ce qui peut féconder l'esprit de l'homme?

Tout se tient dans l'ordre moral. Otez la certitude de l'amour, et vous ôtez le principe des vertus; ôtez la certitude de la foi, et vous ôtez le principe du génie; ôtez Dieu, et il n'y a plus de science. De sorte que sans la religion, l'homme ne sait à quoi se prendre pour satisfaire ses idées de grandeur. Et aussi le siècle présent, tourmenté par ce besoin indéfini d'élévation, n'a pu jusqu'à ce moment que passer d'essais en essais, de théories en théories, bouleversant ses lois comme ses sciences, créant des philosophies d'un jour, multipliant des systèmes sans lendemain, infidèle à toutes ses adorations, infidèle à ses propres œuvres, se prenant de folle passion pour des arts qu'ensuite il jette à terre, se faisant une poésie neuve qu'ensuite il livre au rire des moqueurs, incertain de toutes choses, incertain de ses goûts, de ses plaisirs, de sa gloire même. Tel est le siècle, ayant tout ce qu'il faut néanmoins pour arriver à de grandes destinées; siècle instruit, mais sans pensée vivace et inspiratrice; siècle de mouvement, mais sans loi morale pour régler son activité; siècle de puissance, où le génie manque; siècle de conception, mais qui se perd par l'absence de l'unité.

Et ce que nous disons du siècle, lui-même l'atteste par ses travaux vagues et indécis. Il l'atteste par ses efforts singuliers pour saisir quelque part une croyance qui le vivifie. Vous l'avez vu par ces étonnantes proclamations d'un dogme nouveau, d'un christianisme rajeuni. Si d'une part il s'élève des voix qui disent que le christianisme est une ruine, d'autre part voici des voix qui disent qu'il va revivre sous une autre forme. On dirait des voyageurs égarés qui se précipitent vers un rayon de lumière qui perce la nue! La nuit les trouble, ils aspirent après le soleil; ils le nomment dans leur douleur; heureux si, le soleil venant à leur apparaître, ils le saluent avec reconnaissance et avec amour.

Que le siècle ne s'y trompe pas. Il chercherait vainement le principe qui doit féconder son énergie, s'il ne se tourne pas vers le christianisme, cette religion des esprits, cette communication du ciel à l'humanité!

Il ne lui suffit pas d'aspirer à une vérité inconnue, s'il ne la saisit dès qu'elle lui est montrée.

Et toutefois nous louons et nous bénissons cet instinct qui le précipite vers la pensée chrétienne, tout en imaginant de la transformer; nous louons cette simple acceptation même du mot christianisme, que précédemment il fallait arracher de la langue philosophique comme un mot suspect, et nous tirons bon augure de cette modification de la science humaine, qui tout à l'heure était si superbe et si railleuse.

Que dirons-nous enfin? voici peut-être un signe qui va marquer l'avenir de notre siècle. Au siècle précédent il fallut offrir un vaste travail de doute et d'anarchie, où la science fût par degrés exercée à briser la loi d'autorité ou d'enseignement dont Dieu a fait le principe du développement moral de l'humanité; à notre siècle il faut offrir un vaste travail d'unité et de certitude, où la science apprenne à coordonner ses découvertes, et à les rattacher par une chaîne d'or à la voûte lumineuse des cieux.

C'est là peut-être, disons-nous, tout le présage de la grandeur de notre siècle. Car ainsi se révèle le besoin qu'il a de se raviver lui-même par la croyance. Et de même que l'Encyclopédie du dix-huitième siècle exprima la force de destruction qui sourdement agissait au sein de la société ancienne, de même l'Encyclopédie présente sera l'expression de la force d'unité qui réagit sur les débris épars de la société nouvelle.

Que les talens de notre époque soient rendus au calme de la foi, et leurs créations en seront mieux inspirées; que la poésie soit chrétienne, et elle ne ressemblera plus à un délire; que la science proclame Dieu, et elle perdra son âpreté; que les arts soient religieux, et ils seront féconds; que l'histoire soit catholique, et elle comprendra les siècles; que la politique se souvienne de la providence, et elle sera humaine; que la législation soit charitable, et elle sera sociale; qu'ainsi toutes les connaissances soient animées par une pensée d'unité, et les hommes béniront le bienfait de la civilisation, et la paix consolera la terre, et l'humanité suivra doucement sa course vers le ciel.

C'est à ce progrès que l'Encyclopédie du dix-neuvième siècle convie les intelligences contemporaines; et c'est à ce prix qu'elle promet à notre âge la réalisation de ses destinées. Si quelques-uns pensaient que cette espérance n'est qu'un rêve, encore la respecteraient-ils comme un vœu de philantropie; car voici encore un présage que nous aimons, c'est que désormais la bienveillance reste acquise à toutes les pensées de conviction et de probité; et cela même est un retour vers le christianisme, dont la loi est la persuasion, et la domination est l'indulgence.

Indiquons avec rapidité comment l'Encyclopédie entend rétablir cette grande unité des sciences par l'inspiration chrétienne.

III.

Pour l'objet que nous nous proposons toute classification généalogique des sciences paraît inutile. Ces travaux sont capricieux d'ordinaire et ils servent peu à l'avancement de l'esprit humain.

Suivons des nomenclatures vulgaires. Elles nous serviront bien toujours à ramener la philosophie des sciences à Dieu, qui est la loi fondamentale et harmonique des êtres. Observons seulement qu'en de pareilles divisions, la faiblesse de l'intuition humaine se fait tristement sentir; car les objets des connaissances se rapportant les uns aux autres et se mêlant pour se coordonner, la pensée, au lieu de les séparer par des classifications, souvent arbitraires, devrait pouvoir les embrasser dans leur ensemble; ou bien, si elle les distingue, à cause de la variété des rapports qui existent entre les êtres, elle devrait pouvoir saisir cette réalité de natures diverses, sans rompre le lien qui les rattache à un même centre. Mais la science humaine est impuissante à comprendre pleinement, soit cette unité féconde, soit cette distinction précise; et ses plus ingénieux travaux sont exposés à n'atteindre tantôt qu'à une apparence de confusion, s'ils procèdent par voie de synthèse, tantôt qu'à une apparence de caprice, s'ils procèdent par voie d'analyse. De sorte que ce vaste embrassement des mystères de la nature et de l'humanité semble ne devoir être qu'un privilége du ciel, et que la raison de l'homme, faible et déchue, ne peut aspirer sur la terre qu'à un pressentiment, déjà magnifique, des lois d'harmonie auxquelles toute la création a été soumise.

Mais au lieu de chercher la formule mystérieuse de cette unité, nous pouvons en indiquer le principe, qui est Dieu.

Nous pouvons aussi marquer l'action de ce principe sur chacune des sciences isolées que nous étudions, quelque douteuse que pût paraître la classification qui en serait faite.

Et ainsi une autre sorte d'unité reparaît dans la science humaine, unité plus accommodée à la débilité de notre vue, unité positive toutefois, mais qui n'exige plus cet effort pénible de l'intelligence à saisir quelques formes d'un système harmonique dont le mystère, comme tous les autres, n'aura sa pleine manifestation que dans les cieux.

Donc l'unité que nous cherchons n'est point une unité purement scientifique, qui sans doute échapperait à la débilité de notre vue; c'est une unité morale ou philosophique, dont la formule ne saurait s'écrire comme la formule d'une équation d'algèbre, mais qui n'en a pas moins de réalité.

Il s'ensuit que pour nous la classification des sciences est libre, sans être arbitraire, car elle n'est pas un système.

La perspicacité philosophique paraîtra moins à leurs distinctions; mais la loi d'harmonie n'en sera pas altérée.

D'ailleurs à un ouvrage comme doit être une encyclopédie il serait superflu d'apporter cette prétention d'unité systématique, à laquelle ne saurait se conformer la pensée de beaucoup d'écrivains et de savans, préoccupés sans doute de leurs propres idées sur l'harmonie des sciences. Mais ce qui lui convient, c'est la consécration même des sciences par l'intervention de la pensée religieuse qui les féconde.

Telle est l'unité de l'Encyclopédie du dix-neuvième siècle. Et c'est pourquoi nous exposerons ici librement la classification des sciences principales sur lesquelles devra toujours se manifester l'action puissante et intime de la religion.

Nous les distinguons ainsi qu'il suit. Premier ordre : Sciences morales. — Sciences sociales. — Sciences historiques. Deuxième ordre : Sciences physiologiques. — Sciences naturelles. — Sciences physico-mathématiques. — Sciences d'application et d'utilité. — Sciences littéraires. — Sciences d'imagination.

Passons rapidement ces sciences en revue; nous aurons peut-être à nous arrêter davantage à celles qui ont pour objet l'ensemble de la société;

les autres s'éclaireront d'elles-mêmes au rayon de lumière que nous aurons vu tomber du ciel sur l'humanité.

IV.

A vrai dire, la philosophie, cette philosophie au moins que nous considérons, comme Platon, sous son point de vue le plus large et le plus vrai, ne semble pas devoir être classée dans une nomenclature semblable.

La philosophie est l'exercice de la raison, appliqué à l'étude des sciences dans ce qu'elles ont de plus élevé. Bossuet a dit la même chose et avec plus d'autorité : « Toutes les sciences sont comprises dans la philosophie. Ce mot signifie l'amour de la sagesse, à laquelle l'homme parvient en cultivant son esprit par les sciences (1). »

La philosophie, ainsi entendue, a des caractères divers, suivant qu'elle est inspirée par des pensées plus ou moins précises, plus ou moins conformes à la réalité des choses ; mais en elle-même, elle est quelque chose de supérieur aux sciences ; car les sciences peuvent être bornées à la connaissance ou à l'application des faits ; la philosophie agrandit cette connaissance et cette application, en les rattachant à ce qu'il y a de plus général dans la science même.

C'est pourquoi dans tout énoncé d'une classification, même incomplète, des sciences, la philosophie doit apparaître comme dominant tout cet ensemble, et le dirigeant vers un but d'unité.

Sans cette action extérieure et supérieure tout à la fois de la philosophie, chaque science serait exposée à n'être qu'une collection d'expériences toutes matérielles. C'est la philosophie qui anime l'observation technique des faits ; et c'est elle aussi qui, saisissant le lien des êtres, les rapporte à l'unité de l'être par la puissance logique de ses inductions.

Par là la philosophie va se confondre avec la théologie que nous ne saurions classer davantage dans la nomenclature des sciences purement humaines, puisque ce mot de théologie indique un certain ordre de vérités que l'homme ne trouve pas de lui-même, mais qui lui sont révélées par une raison supérieure (2).

Seulement il est donné à l'homme d'exercer sa philosophie sur cet ordre

(1) *Connaissance de Dieu et de soi-même,* chap. I, 15.

(2) Bossuet, qu'il faut toujours suivre dans les grandes questions de la philosophie chrétienne, ne nomme pas la théologie dans sa classification des sciences. *De la connaissance de Dieu et de soi-même,* chap. I, 15.

de vérités, comme sur toutes les autres. Par cet exercice il n'arrive pas à créer une science semblable à toutes celles qui se composent d'une suite de découvertes; mais, déjà éclairé par une connaissance qui descend à son esprit d'une source plus haute que sa raison, il se satisfait lui-même en jouissant de cette vérité qu'il n'eût trouvée ni par la méditation, ni par l'expérience, et en saisissant ses rapports avec l'ordre de vérités que Dieu a mises plus à la portée de ses sens ou de son intelligence.

Ainsi la théologie est la science des sciences, et la philosophie en est la raison.

Sans la théologie, la philosophie des sciences serait impossible.

Et aussi la philosophie des sciences n'est apparue dans le monde ou ne s'est développée comme science que sous la lumière de la révélation chrétienne, qui est la théologie pure.

Précédemment l'esprit humain n'avait même fait nul effort pour remonter à cette unité des sciences, que les philosophes modernes ont cherchée avec une curieuse avidité, ne soupçonnant pas toujours qu'ils ne faisaient qu'obéir à un instinct scientifique qui était comme une inspiration secrète du christianisme.

C'est le christianisme, ou la théologie réelle, c'est-à-dire la révélation de Dieu, qui a apporté aux hommes ce vague et profond besoin de poursuivre sans relâche la dernière raison des sciences. Ainsi, lorsque des incrédules ont multiplié leurs efforts pour arriver à cette unité scientifique par une métaphysique souvent ingénieuse et subtile, ils n'ont fait que mettre en action une puissance de *philosopher* qui ne s'était jamais rencontrée dans les plus magnifiques génies de la société païenne.

Mais comme ils se plaçaient à un point de vue qui était précisément opposé à celui de la théologie chrétienne, l'unité qu'ils poursuivaient les fuyait sans fin, la philosophie des sciences ne pouvant avoir de terme que dans la révélation de la plus haute vérité qui est Dieu.

Ils ont fait l'arbre généalogique des sciences; mais cet arbre, ils l'ont jeté et comme suspendu dans les airs. Dieu l'avait planté dans le paradis: arbre mystérieux dont la racine touche la terre, et la tête se perd au ciel.

Et ceci n'est point du mysticisme; c'est de la raison pure.

Chercher la généalogie des sciences sans monter à Dieu, c'est poursuivre la réalité dans le néant.

C'est pourquoi dans la philosophie des sciences la théologie doit être présupposée, et sans cela il n'y a point de philosophie proprement dite.

Ainsi, pour revenir à la classification des sciences, la théologie, comme science, ne paraît exclue de notre nomenclature que parce qu'elle les illumine toutes de ses clartés; et la philosophie n'en paraît également détachée que parce qu'à proprement parler elle n'est pas une science, mais un exercice de la raison sur les sciences (1).

Après ces rapides indications, parcourons l'ordre des sciences humaines, bien prévenus d'avance que toutes se mêlent les unes aux autres, quelles que soient les classifications, et ne cherchant d'autre unité que celle qui rattache le monde moral à Dieu, auteur de la création.

V.

Les sciences morales s'offrent les premières; ce sont celles qui ont pour objet la nature intellectuelle des êtres, et leurs rapports.

Une certaine philosophie a peine encore aujourd'hui à admettre cette primauté des sciences morales. Elle dit qu'il est peu logique de ne pas prendre l'homme à sa naissance et de ne le pas suivre dans son développement physique, cette simple histoire de l'organisation animale et de ses progrès donnant lieu à la découverte de tous les phénomènes de l'intelligence et des lois morales qui régissent l'humanité.

Mais cette philosophie se méprend. Si elle n'opérait que sur un homme seul, comme elle ferait sur un être exceptionnel dans la nomenclature des êtres, elle pourrait bien en effet procéder par cette forme purement expérimentale de raisonnement.

Mais l'homme étudié par la philosophie n'est point un homme seul, isolé, jeté au hasard dans la nature. C'est un être traditionnel et perpétuel en quelque sorte, dont la vie est soumise à des lois fixes, et dont la reproduction toujours renouvelée n'est autre chose que la conservation morale de l'humanité.

Donc la philosophie qui opère sur l'homme, le doit prendre tel qu'il est et tel qu'il se montre à elle, être complet et développé, mélange toutefois de deux natures, qu'elle pourra plus tard, si elle veut, distinguer par l'analyse, mais dont l'unité doit être gardée, dès qu'on le veut comprendre dans l'ensemble de son existence.

Rien n'est moins philosophique que cette espèce de dissection expérimentale, qui, ayant l'homme à étudier, prend un homme fœtus, puis l'examine entrant dans la vie, puis le considère enfant, puis le suit dans le développement de ses forces, et enfin le dépose, malheureux cadavre, dans un tombeau.

(1) « La philosophie, qui signifiait chez les païens l'*amour de la sagesse*, ne signifie chez nous que la *recherche de la vérité.* » M. de Bonald, Discours préliminaire : *Législation primitive*..

Est-ce que c'est là l'homme de l'humanité? est-ce que c'est là le sujet d'une étude philosophique?

Si la science de l'homme devait être ainsi considérée, ce serait une science à la fois dégradante et obscure.

Il est remarquable en effet d'une part que l'École sensualiste a abouti logiquement à un système frénétique de mépris pour l'homme, qui s'est manifesté sans pudeur, toutes les fois que cette école a été mise dans le cas de réaliser la pratique de sa théorie.

Dès que l'homme n'est qu'un animal progressivement développé, et que l'humanité n'est autre chose que la collection de cette sorte d'êtres vivans ou organisés, quelle loi morale de conservation peut leur être propre? Il est manifeste qu'il ne leur reste qu'une loi de force ou de répression.

Aussi M. Destutt de Tracy prouvait très bien il y a trente ans que le seul moyen d'assurer l'ordre, et même la morale d'un peuple, il voulait dire d'un peuple sans croyance apparemment, c'est une bonne organisation de gendarmerie.

Or le bourreau est le complément de ce système, et alors la morale est au comble.

Telle est la logique du sensualisme à son dernier terme.

Et d'autre part, que fait la philosophie en étudiant l'homme dans la progression successive de ses organes, avant de l'étudier dans sa nature pleinement développée, tel qu'il est sous sa main, et aussi tel que Dieu le fit, lorsqu'il voulut accomplir son œuvre de créateur, être déjà pensant et intelligent, être déjà roi du monde, maître de son domaine qui est la matière, maître de lui-même, maître de sa volonté comme de ses sens, puissant dans sa débilité, spectacle magnifique dans la nature vivante.

Que fait-elle, sinon s'envelopper à plaisir d'obscurités? L'homme purement animal lui est un mystère, et dans ce mystère tous les autres : la pensée, l'intelligence, la volonté, l'amour, la haine, la liberté.

Au contraire, si elle prend l'homme tel qu'elle le trouve sous son observation, la vie et l'intelligence lui gardent sans doute bien des secrets encore; mais du moins elle en a la raison logique, et cette raison c'est Dieu.

Otez Dieu de la science qui a l'homme pour objet, et il n'y a plus de science. Vous remuerez dans vos mains un peu de poussière, mais tout à l'heure la poussière même vous échappera.

Assurément l'homme a reçu de la nature bien des raisons philosophiques de monter jusqu'à Dieu. Mais par une admirable loi de l'intelligence, Dieu même est admis par l'homme comme base antérieure de toutes les notions, et sans cette base il n'y a rien.

C'est pourquoi les sciences morales ont pour objet de montrer d'abord le rapport de l'homme avec Dieu, et de ce rapport découle la notion précise des rapports de tous les êtres intelligens.

Et comme l'homme eût été éternellement impuissant à saisir de lui-même des lois aussi mystérieuses, si elles ne lui eussent été montrées, il s'ensuit que les sciences morales reposent sur un principe qui blesse, nous le savons, la vanité de la philosophie, mais qui est pourtant toute sa lumière, sur le principe de l'autorité.

La seule autorité réelle, à proprement parler, c'est l'autorité de Dieu. Le mot d'autorité l'indique de lui-même.

Dieu seul est auteur. Il est auteur du monde et il est auteur de la vérité.

Le mot autorité a donc un sens très haut et très philosophique. Et c'est pour cela qu'il n'en faut point faire d'abus, soit en le transférant à des êtres créés, qui n'ont point d'autorité par eux-mêmes, soit en lui donnant une extension qui en ferait quelque chose de violent et d'anti-humain, en détruisant la liberté des autres êtres.

Or l'autorité de Dieu nous est connue par la révélation. Et voici bien un caractère précis de cette autorité, c'est qu'elle ne s'entend que des choses morales; lorsqu'il s'agit des choses matérielles, le langage humain a un autre terme.

Nous disons que l'autorité de Dieu est écrite dans l'évangile; et nous disons que sa puissance est écrite dans le firmament.

Mais Dieu peut exercer son autorité ou bien la peut révéler, soit en parlant lui-même à l'homme, soit en confiant à l'homme le soin de perpétuer sa parole.

Cette distinction sert de base à tout le système des sciences morales. Il nous aura suffi présentement de l'indiquer.

Et il est si vrai que l'homme a besoin de recevoir d'abord la vérité par une voie d'autorité, que, même dans les choses qui semblent être purement expérimentales, la philosophie, si elle est observatrice des faits, n'hésite pas à proclamer la nécessité de ce moyen fondamental de connaissance. « Discentem oportet credere, dit Bâcon, doctum expendere.» *Celui qui apprend doit croire, celui qui sait doit examiner.* Et M. de Bonald ajoute à ce sujet : *L'enseignement de tout art, de toute science, commence par voie d'autorité et ne peut commencer autrement.*

Qu'est-ce donc, s'il s'agit des choses morales?

C'est principalement dans les choses morales que la science commence par la foi. (1). La science par elle-même n'arriverait point aux vrais rap-

(1) Nous disons *foi* dans un sens philosophique ou humain. Pour le chrétien ce mot a un autre sens, un sens plus haut et plus sacré qu'ici nous laissons entier comme il doit l'être toujours. Peut-être n'a-t-on pas été assez soigneux de faire cette distinction dans quelques controverses de nos jours.

ports des êtres ; car les rapports ne tombent pas sous les sens, et l'induction ne les saurait faire saisir. Pensera-t-on que l'intuition les découvrira peut-être? C'est revenir à des *notions innées*, mystère plus profond que tous les autres, et dont chaque homme aurait en soi la révélation. Puis c'est tourner sans fin dans un cercle ! L'homme en effet n'arrive à l'intuition que lorsqu'il est capable de méditer en lui-même ou de s'étudier dans sa nature intime. Et enfin quand la science, par des procédés quelconques, parviendrait à soupçonner les rapports des êtres intelligens, elle ne serait pas capable encore d'en acquérir par elle-même la pleine certitude; car il n'y a que Dieu qui soit la lumière et la raison de la science morale de l'homme.

D'ordinaire cette science embrasse trois ordres d'études: étude de l'homme par rapport à Dieu, étude de l'homme par rapport à lui-même, étude de l'homme par rapport à ses semblables.

L'innovation en ces sortes de divisions serait un vain effort d'esprit.

La science de l'homme est la seule qui soit toujours la même. Car les lois de l'être intelligent sont indépendantes des faits de l'observation.

On appelle du nom de moralistes les philosophes qui étudient l'homme dans la variété de ses mœurs et de ses passions, de ses habitudes et de ses caprices. Mais cette philosophie expérimentale, quelque ingénieuse qu'elle puisse être, n'est point la science réelle de l'humanité.

La science a un but plus profond et plus assuré, c'est celui de déterminer les lois morales qui régissent l'intelligence par rapport à elle-même.

Or, l'intelligence, qui est l'objet de ces lois, et qui en même temps est capable, soit de les comprendre, soit d'en concevoir toute la perfection et l'harmonie, n'est pas capable de les trouver, comme elle trouverait par sa propre force les lois physiques ou mécaniques qui régissent la matière.

Si l'homme pouvait faire cette science, comme il fait toutes les autres, elle serait graduelle et successive, et il s'ensuivrait que les lois de l'intelligence ne seraient connues de l'humanité que selon la progression des découvertes.

Ceci est absurde et contraire à la nature des choses, aussi bien qu'à la réalité des faits.

La science morale de l'homme est une science complète par elle-même; car elle est la science des rapports nécessaires qui existent entre les êtres.

Et s'ils sont nécessaires, ils ont été enseignés à l'homme; car l'homme saisit par lui-même les faits contingens; mais il ne saisit les faits nécessaires qu'autant qu'ils lui sont montrés comme tels.

Puis, si la science est étudiée dans son histoire, on voit bien qu'en effet elle se réduit depuis la création à la notion d'un certain nombre de lois qui ne pourraient se modifier, bien que les applications en soient diverses.

Et ce caractère immuable indique encore par lui-même qu'une révélation en a été faite à l'homme.

Enfin la science, en de tels objets, n'est plus seulement une connaissance qui éclaire la pensée de l'homme, elle est elle-même une loi qui oblige tous les actes de sa volonté.

Ceci est nouveau dans la science humaine, et pour la première fois l'homme s'entend dire que ce qui lui est enseigné, il est tenu de le croire, et non seulement de le croire, mais de le faire.

Dans les autres sciences rien de semblable ne saurait se voir. Il y a bien en chacune d'elles des notions premières qu'il faut accepter, sous peine de bâtir dans les airs l'édifice des connaissances. Mais ces notions laissent la pensée libre, en ce qui touche soit au progrès des expériences, soit au développement des théories. De là les variations des sciences et les révolutions produites par la succession des découvertes.

Mais Dieu a voulu que dans la science fondamentale de l'homme tout fût complet dès le commencement, et si l'observation des lois de l'humanité donne lieu à des combinaisons d'esprit, à des recherches ingénieuses, à des découvertes même sur la nature des êtres intelligens, cette partie des sciences morales, très digne assurément de la philosophie, n'est pourtant pas la science même. La science proprement dite est une science faite antérieurement aux expériences et aux études humaines; et c'est ce qui constitue son caractère de révélation d'un part et de loi obligatoire de l'autre.

En résumé si l'homme faisait la science morale, elle manquerait de cette autorité qui oblige l'intelligence et la volonté.

Qu'est-ce à dire? n'est-ce pas que par la pure raison philosophique nous arrivons à comprendre que les sciences morales se confondent avec la science de la religion? C'est le sens des paroles qui précèdent, et chacun pourra le voir.

La religion a seule le secret de l'homme.

Seule elle lui explique son origine, sa nature, et ses rapports nécessaires avec les autres êtres intelligens.

Seule aussi elle fait dériver de ces rapports la notion précise des devoirs.

Hors de la religion ce mot *devoir* n'a point de réalité, et pourtant il est tout le pivot sur lequel roule le système de la science morale.

Aussi la philosophie athée a voulu supprimer le devoir de la science de l'humanité, et n'y laisser que l'utilité. C'était supprimer la science et l'humanité même en quelque sorte, l'utilité n'ayant rien de moral en soi, et pouvant toujours être entendue en mille sens, selon le caprice des hommes.

Puis l'utilité n'oblige pas. Il n'y a pas de raison morale pour que l'homme

ne fasse que ce qui est utile. Il peut bien, par amour du bien-être, chercher ce qui lui profite ; mais sa recherche même ou son goût n'est soumis à aucune loi.

Il s'ensuit que si le désordre est utile, si le crime est utile, si la fureur est utile, l'homme est libre dans son penchant, et ainsi la morale de l'utilité peut devenir le droit de l'extermination et du brigandage.

A la vérité, la philosophie s'écrie : Non, le mal n'est pas utile, et le désordre ne profite pas.

Nous le savons ! Mais la philosophie ne saurait l'affirmer comme nous avec autorité. La philosophie ne peut pas même dire ce qu'est le mal, ce qu'est le désordre. Dans son système sans Dieu, chacun se fait la notion du mal, la notion du désordre, comme aussi la notion de l'utilité.

Ainsi encore la science morale de l'homme ne saurait être fondée par la philosophie en dehors de la religion qui est la révélation du bien, et sous ce rapport, la révélation de *l'utile*, entendu dans le sens le plus haut et le plus vrai.

Cette révélation a été faite primitivement à l'humanité, et la notion des devoirs remonte à l'origine de la création.

C'est là que se découvre la triple nature des rapports de l'homme à l'égard de Dieu, à l'égard de ses semblables, et à l'égard de lui-même, et la loi par laquelle il est tenu d'être fidèle à ces conditions de son existence, est proprement la religion. La religion est donc la conservation des lois de l'humanité ; elle est le lien des êtres.

Et chose admirable ! *l'utilité* est comprise aussi dans ces conditions morales de l'être ; car la loi qui oblige l'homme par rapport à lui-même, qu'est-ce autre chose ? Dieu a voulu que l'homme fût tenu à sa propre conservation ; voilà le devoir de l'utilité clairement entendu. Hors de là, *l'utilité* n'est que l'égoïsme, la dernière des passions qui meuvent l'humanité déchue.

De même de tous les autres devoirs.

C'est la révélation qui a dit à l'homme ses liens de reconnaissance et d'amour envers Dieu qui l'a créé.

C'est elle qui lui a dit ses liens de fraternité et d'affection envers les autres hommes, créatures du même Dieu.

Et sans cela qu'est-ce que le devoir proprement dit ? et sans cela que peuvent être les sciences morales ? Elles sont peut-être une collection des faits de l'humanité ; mais encore de faits le plus souvent incertains, et dépouillés de toute raison obligatoire pour la pensée et la conscience.

La science a beaucoup fait pour l'homme, quand elle lui a démontré qu'en dehors de la religion toute notion des devoirs est logiquement impossible ; car l'humanité n'ayant de vitalité que par cette notion précise, il s'ensuit que la philosophie qui fait abstraction de la religion, va droit à la destruction de l'humanité.

Voilà pourquoi Dieu, plus soigneux de son œuvre de créateur, que la créature même, a voulu que la notion des devoirs fût perpétuée dans le monde autrement que par la pure philosophie.

Et d'abord dès l'origine, c'est lui qui fut l'enseignement vivant de l'homme, et alors l'homme eut la pleine connaissance des lois de son être; créature ingrate et rebelle qui tourna bientôt le bienfait de la science contre le maître souverain qui l'avait instruite.

Cette rébellion de l'homme à son début dans la vie est toute l'explication des choses mystérieuses qui remplissent l'histoire de l'humanité.

Toute la science morale a besoin de remonter à cette triste origine de nos misères. De là l'altération de notre nature; de là la corruption des notions premières; de là les passions maîtresses; de là les immenses erreurs du monde; de là aussi les grandes expiations, et pour leur donner un mérite égal aux crimes, de là une rédemption divine.

La rédemption, c'est une création nouvelle. Dieu paraît également à cette double action de rédempteur et de créateur, et c'est aussi une double révélation.

Ici les sciences morales sont illuminées d'une lumière céleste, dont nous n'avons pas présentement à juger le rapport avec la lumière primitive qui les éclaira; seulement il nous faut rappeler combien celle-ci s'était altérée parmi les vices des hommes, et combien aussi nous avons peine à la découvrir parmi les obscurités des traditions humaines; et même, lorsque nous la retrouvons dans sa pureté chez le peuple que Dieu s'était choisi comme dépositaire des premiers souvenirs du monde, nous voyons bien encore, au travers des signes mystérieux qui le marquent au front comme un peuple privilégié, la trace de sa déchéance antique; de sorte que les doutes de la science de l'homme ne sont levés pleinement qu'au moment de l'apparition nouvelle de la vérité sur le monde.

Ainsi ce mot mystérieux de révélation, que la philosophie repousse, comme représentant un ordre d'idées en dehors de la raison pure, exprime au contraire tout ce que la raison peut embrasser de notions précises sur la science humaine.

La révélation résume en effet toute l'humanité; et aussi pour avoir l'ensemble de son histoire comme de ses lois, il faut de toute nécessité interroger le christianisme. Dans le christianisme viennent affluer et se réunir comme en un centre tous les rayons de lumière qui sont épars dans la suite des âges et dans l'immensité des lieux. Chaque peuple, chaque siècle, chaque civilisation, a ses notions diverses; mais toutes sont recueillies dans le christianisme. Là convergent les traditions morales, altérées dans la corruption des temps. Tout ce que le génie de l'homme a soupçonné de vérités, tout ce que l'instinct des nations a conservé de croyances immuables, tout ce que les philosophies ont consacré de maximes éternelles, vous le voyez là dans une pleine lumière ; et tel est le caractère de cette révélation du vrai, que toute intelligence la peut saisir, et ainsi l'on voit bien qu'elle répond à la nature morale et intellectuelle de l'homme, car l'humanité tout entière en est éclairée.

Mais est-ce donc que les sciences morales, telles qu'elles sont entendues dans le sens ordinaire de méditation et d'étude, n'ont plus d'objet dans le christianisme ?

Étrange erreur ! le christianisme n'éclaire point l'homme, pour plonger ensuite son intelligence dans l'inertie.

Comment le christianisme ôterait-il la science du monde, lui qui est la raison suprême de la science ?

Le christianisme au contraire a donné à l'esprit de l'homme une activité singulière pour la pénétration de tous les mystères de l'humanité. C'est au christianisme que nous devons cet immense mouvement d'idées qui se remarque jusque dans les égaremens des siècles sans foi, et ce que nous appelons la civilisation, c'est encore le christianime, appliqué aux choses de la terre, c'est-à-dire aux intérêts matériels, ou aux besoins factices de la vie.

Voici donc comment la science humaine se forme dans cette science surhumaine de la révélation.

La raison de l'homme, éclairée par l'enseignement, et imbue des maximes fondamentales de l'humanité, a reçu de Dieu l'immense faculté de se réfléchir sur elle-même, et de développer en soi ses propres notions par une méditation puissante à les saisir dans leur ensemble ou à les féconder dans leurs applications.

De là la science morale proprement dite.

L'homme sait, parce qu'il a appris ; mais il sait aussi parce qu'il a médité. Et ici revient le mot de Bacon : *Discentem credere oportet, doctum expendere.*

Cette puissance d'examen dans l'homme instruit par un enseignement extérieur n'est pas sans doute le droit de choisir par la réflexion entre les choses qu'il a reçues de la sorte.

Si l'examen était un choix, l'examen détruirait la science.

La science a pour objet la vérité, laquelle peut être et veut être examinée, mais est indépendante par elle-même de la pensée qui l'examine.

La puissance d'examen est comme une force d'expansion de l'esprit agissant sur lui-même, une fois qu'il est éclairé.

Et de cette force d'expansion résultent pour la science des caractères divers. Si la science a pour objet l'examen des rapports ou des lois des êtres intelligens, elle garde le nom de science morale proprement dite; si elle a pour objet l'examen de leurs natures intimes, elle prend le nom de métaphysique.

Puis la science se varie encore. Il arrive que l'homme veut chercher en lui-même la raison des sciences. De là, des raisonnemens de toute sorte pour en déterminer la certitude; de là la science des démonstrations, ou la logique.

Dans l'ordre des études humaines, la logique précède la marche des sciences morales ou métaphysiques; elle devrait les suivre au contraire; car la logique, qui raisonne sur des notions ou des idées, les suppose par conséquent dans l'esprit.

Mais quoi! la morale, la métaphysique, les supposent de même. Ainsi nous voilà toujours retombés dans ce pur examen, qui est l'action de l'esprit éclairé, se réfléchissant sur lui-même.

De là deux ordres d'idées très distincts dans les sciences morales, les idées qui tiennent à une communication venue d'une autorité supérieure ou antérieure, et les idées qui tiennent à la réflexion de l'esprit appliqué à ces premières notions.

De là enfin une magnifique unité dans les sciences qui ont l'homme pour objet; mais, comme on voit, cette magnifique unité, c'est le christianisme qui la produit.

Car c'est le christianisme qui éclaire l'homme par la science, et c'est le christianisme qui éclaire l'examen que l'homme fait de la science.

D'où il suit autre chose encore; c'est que le christianisme qui complète ainsi la science humaine, n'est point un christianisme vague, tel que chaque raison pourrait le concevoir, afin de se créer à elle-même sa règle de croyance; mais un christianisme précis, formel, immuable, par conséquent universel.

Nous voilà au catholicisme; et nous y voilà sans aucun détour.

Le catholicisme, c'est l'autorité dans la science morale; mais l'autorité portée à sa plus haute expression, et appliquée aux notions les plus élevées qui puissent entrer dans l'esprit de l'homme.

Christianisme et catholicisme représentent deux idées corrélatives et nécessaires l'une à l'autre; christianisme, soumission de l'esprit à l'enseignement des vérités morales; catholicisme, autorité nécessaire à l'enseignement de ces vérités.

Qu'est-ce que l'enseignement du maître sans la soumission du disciple? Dans toutes les sciences il y a un commencement d'instruction, qui est l'acceptation pure et simple des choses qui sont enseignées; à plus forte raison dans la science morale, qui par elle-même est une science complète dès son début.

Donc la soumission chrétienne suppose l'autorité catholique, et réciproquement; et toute la force de la constitution ecclésiastique réside dans cette double relation. C'est ce qui explique en deux mots l'origine des sectes, des schismes et des hérésies.

Il y a des esprits qui, à force de vouloir être catholiques, cessent d'être chrétiens; et il y en a qui, tout en s'efforçant de rester chrétiens, ne savent plus être catholiques.

Aux uns la nécessité de l'autorité est manifeste, mais la soumission leur fait défaut; aux autres, le principe de la soumission est incontestable, mais l'autorité leur semble douteuse, de sorte qu'aux uns et aux autres l'humilité et le commandement ne sont guère qu'une théorie; et par ces deux causes très différentes l'unité morale est rompue.

C'est pourquoi nous disons que le catholicisme ne se comprend pas sans le christianisme, et le christianisme ne se comprend pas davantage sans le catholicisme; magnifique harmonie de l'autorité et de la soumission, qui est toute la réalisation de la science de l'humanité. Car là se révèle tout le mystère de l'homme, sa grandeur et sa misère, sa puissance et sa débilité, le droit, le devoir, le commandement, l'obéissance, la vie, le néant, la mort, l'immortalité. Et vainement la science chercherait ailleurs l'explication de tous ces problèmes. Hors de cette lumière, tout lui est voilé comme d'un nuage; la raison des choses lui échappe, et bientôt, irritée de son impuissance, elle embrasse des chimères comme pour se venger des mystères par des fictions, et pour dissimuler sa faiblesse par de la folie.

VI.

Mais si les sciences morales ont une fois trouvé leur lumière, toutes les autres sciences peuvent marcher avec sécurité vers leur objet propre; la même inspiration viendra les féconder.

Il est des sciences qui se rapportent encore à l'homme, non plus à l'homme considéré dans sa nature intelligente ou dans les lois intimes de son être, mais à l'homme considéré dans ses rapports extérieurs avec d'autres créatures semblables, et formant avec elles une association publique.

Telles sont les sciences sociales, celles qui ont la société humaine pour objet.

Ce que l'homme le plus exercé à la méditation peut découvrir à force d'étude et de recherches sur la société, c'est qu'elle est un des grands mystères de la science.

Qu'est-ce que la société? est-ce une convention? est-ce un accident? quelle est son origine? quel est son principe? quel est son droit par rapport à elle-même? quelles sont ses lois? quelles sont ses formes naturelles? quelle est sa défense?

Sur chacune de ces questions, interrogez la philosophie purement humaine, et vous aurez bientôt à baisser tristement le front et à rougir pour elle de ses contradictions et de son ignorance. La philosophie, si elle n'est point chrétienne, ne sait rien de la société. Elle dit que c'est un hasard, un résultat fortuit de la nécessité. — La société est née dans les bois. Les hommes ne parlaient pas; ils firent un langage; le langage fait, ils firent une convention. La convention régla les rapports des hommes entre eux. Il y en eut apparemment qui commandèrent et d'autres qui obéirent. La force décida de cette inégalité. Triste origine du droit humain! On fit des règles pour la propriété, des règles pour la police, des règles pour le mariage, des règles pour la famille, des règles pour la défense commune. Tout se fit par contrat. La justice même fut créée au moyen d'une délibération. Et puis le monde alla de progrès en progrès, comme il va encore, jusqu'à ce qu'il touche à son dernier terme de perfection.

Voilà tout ce que la philosophie a pu découvrir.

Grâce à Dieu, la science véritable ne va guère plus se prendre à de tels systèmes de société. Mais il faut bien les rappeler à la mémoire des hommes, car ce furent là toutes les pensées d'un siècle entier, de ce dix-huitième siècle, qui a péri dans l'enivrement de ses sciences et de ses théories, et dont quelques vieux échos murmurent à peine aujourd'hui les derniers égaremens.

Au fait il fallait bien que, voulant se passer de Dieu, les hommes s'engloutissent dans l'absurde; et voulant expliquer le mystère de la constitution sociale, sans monter à la création, il fallait bien qu'ils fissent de l'homme une bête sauvage arrivée par hasard à la civilisation.

Comment cette bête sauvage se trouvait dans les bois, depuis combien de temps elle y avait été produite par un accident inconnu, par quel développement soudain elle s'était senti le besoin d'arriver à d'autres destinées, comment enfin *elle avait eu l'idée* de la société, le dix-huitième siècle ne le cherchait pas. Il lui suffisait de mettre Dieu de côté dans son système scientifique de l'humanité; et tout dès-lors lui devenait plausible; seulement il se trouva au milieu de cette immense révolte contre la raison du ciel et de la terre, une voix de philosophe plus hardie encore, qui s'en vint accuser le premier homme qui avait donné le signal d'abandonner les forêts. Celui-là trouvait que les forêts étaient la demeure propre des hommes, et que l'état de société avait rompu toutes les lois de la nature. Chose étrange! tout un siècle civilisé se mit à applaudir le philosophe de l'état sauvage, et il est vrai que la civilisation du siècle allait bientôt ressembler à une effroyable barbarie.

On ne saurait dire, et tel n'est pas non plus l'objet de ce travail, toutes les bizarreries qui ont passé par l'esprit de l'homme, lorsqu'il a voulu expliquer par lui-même la société.

Seulement il faut profondément s'étonner de ce besoin singulier de rechercher des choses étranges, mystérieuses, lorsque la vérité simple et nue se montre à tous les regards.

Si les hommes avaient primitivement vécu dans les bois, ils y vivraient encore, sans nul doute.

Le simple langage, qui est tout l'homme, toute sa raison, toute son intelligence, puisqu'il est sa communication avec la pensée d'autrui, le langage n'aurait jamais été fait; et sans le langage il n'y a point de société! Donc par le fait du langage la science sociale est expliquée.

Le langage en effet, nous ne disons pas une langue spéciale quelconque; le langage, expression de la pensée par la parole, suppose toujours une pensée extérieure qui a dû se communiquer à l'homme par une voie quelconque de transmission, soit par la parole même, soit par une simple illumination intérieure.

Si la parole n'exprime rien, elle n'est rien. D'où il suit que si l'homme eût inventé la parole, il eût inventé la pensée; conséquence absurde qu'il suffit d'énoncer pour en montrer l'énormité.

Et par la même raison l'homme n'a pas inventé la société, puisque la société, c'est rigoureusement une communication de pensées entre elles. On ne saurait dire non plus que la société lui ait été révélée dans la suite des temps, comme un bienfait jeté soudainement au travers de la barbarie des âges; mais elle a été un fait primitif coexistant à l'homme, comme la pensée, comme la parole.

C'est Dieu qui a fait la société, comme il a fait la pensée, comme il a fait la parole; l'homme créé, la société s'est trouvée faite; société de l'homme avec Dieu, et de l'homme avec lui-même, c'est-à-dire, société primitive d'intelligence à intelligence, qui précède toutes les combinaisons de société secondaire, établies par des rapports de convenance ou d'utilité.

Ainsi la base des sciences sociales se trouve à l'origine du monde, et pour comprendre l'existence de l'humanité, il faut aller d'abord l'étudier à son berceau.

Là se montre l'homme en rapport avec Dieu qui l'a créé. Dieu parle à l'homme, et l'homme entend Dieu. Dieu par la parole prescrit à l'homme ses devoirs de créature, et il lui fait aussi connaître sa prééminence sur le reste de la création. Voilà la société des êtres tout établie; voilà le droit; voilà les devoirs.

Le droit, c'est Dieu qui l'absorbe pleinement en lui-même; car c'est lui qui est la pleine puissance et la pleine équité. Et sur la terre il ne saurait y avoir de droit, s'il ne dérive d'une manière quelconque du droit de Dieu, c'est-à-dire s'il n'est fondé en principe sur la suprême justice.

Quant à l'idée des devoirs, elle est simplement un écoulement de l'idée du droit. S'il n'y avait pas de droit, les devoirs ne seraient qu'un mot.

Mais la société n'est pas une pure théorie faite pour de purs esprits. La société, pour l'homme, a besoin d'être réalisée par une pratique conforme à sa double nature d'être intelligent et d'être physique.

Or, dès l'origine encore Dieu a fait cette société de l'homme, et lui en a laissé le premier type dans la constitution de la famille. C'est là que se trouve primitivement déposé le principe de la société humaine, et hors de là tout reste un mystère: mystère dans le commandement; mystère dans la soumission; mystère dans la répression; mystère dans la propriété; mystère dans sa transmission; mystère dans toute sorte d'hérédité; mystère dans tout ce qui sert de base à la police des cités et à l'ordre des empires.

Car hors de là que trouvez-vous? la pleine égalité des hommes, et partant l'absence absolue de tout droit de commandement ou d'autorité; partant la liberté de la pure force s'exerçant au hasard sur tout ce qui la gêne ou lui déplaît; partant la fureur en principe; partant la destruction perpétuelle pour toute loi de société.

Vous voyez qu'à ce prix le philosophe de l'état sauvage avait raison; et du moins il était conséquent avec sa pensée première; il voulait que l'homme fût souverain; or, la souveraineté de l'homme n'est possible que dans les forêts.

Et encore, malheureux rebelle, qui ne veut point plier devant une autorité qui le maîtrise, dans les forêts il trouve une famille. Enfant jeté sur la terre, c'est une mère qui l'allaite, c'est un père qui le défend. Dans cette triste débilité de son premier âge, n'est-il pas soumis, n'est-il pas réprimé, n'est-il pas esclave? à quel moment commence donc l'usage de l'égalité, la souveraineté de l'homme?

Oui, c'est la famille, qui est toute la société humaine, et les sciences sociales, après avoir cherché péniblement dans les théories l'explication de l'humanité, sont obligées de revenir à ce récit simple et divin: « Au commencement Dieu créa le ciel et la terre...., et il créa l'homme à son image, et il *le créa mâle et femelle;* et Dieu les bénit et dit: Croissez et soyez multipliés, et remplissez la terre, et tenez-la soumise à votre empire. »

Voilà l'origine des sociétés, et voilà la domination, et voilà la perpétuité.

Cependant il faudra faire ici des remarques semblables à celles qu'on a vues sur les sciences morales; c'est-à-dire montrer comment le principe social, qui est la famille, étant donné, l'application de ce principe se varie selon les nécessités des temps et la progression même des familles agglomérées entre elles.

De l'établissement naturel de la famille dérive la première constitution politique, qui est le régime patriarcal.

Puis l'altération de ce régime naît de l'altération des premières mœurs, et toutefois le régime qui lui succède est encore une représentation de son autorité. Ce régime nouveau, c'est la royauté, et non-seulement la royauté d'un seul, transmise dans une même race de génération en génération, mais tout autre pouvoir remis par des moyens quelconques aux meilleurs des peuples ou aux plus prompts à les protéger.

Ici sans doute la science sociale rencontrera des difficultés. Car elle entend bien que le mot même de droit n'ait point de valeur, s'il n'est une dérivation de la pensée même de Dieu, ou une représentation sur la terre de l'équité suprême du ciel.

Elle entend encore que le droit du père soit naturel et incontesté, et que la famille soit la constitution première de l'autorité parmi les hommes.

Mais dès que la réunion des familles entre elles forme une agglomération de peuple ou de nation, elle peut ne pas voir de même qu'il y ait quelque chose d'absolu dans les circonstances particulières qui viennent présider à cette formation nouvelle de société.

La royauté en effet est-elle par elle-même un droit primitif, comme la paternité?

La royauté est-elle absolue en ce sens, qu'elle soit une institution dérivée de la volonté de Dieu?

Ou bien l'aristocratie est-elle l'élément social?

Ou bien la démocratie est-elle antérieure?

Sur chacune de ces questions la science purement humaine est soudainement arrêtée. Et, à vrai dire, nous ne voyons pas bien pourquoi elle s'épuiserait d'efforts à résoudre des difficultés que l'humanité résout d'elle-même par sa simple marche.

Il lui conviendrait mieux de reconnaître qu'ici comme toujours c'est la religion qui est sa lumière.

Dès qu'en effet la religion nous montre l'inégalité des hommes consacrée par la constitution de la famille, elle nous montre cette même inégalité perpétuée dans la réunion de plusieurs familles. Dans cette réunion c'est le même principe d'autorité qui est conservé; et, à supposer qu'il n'y ait pas un seul *père*, pour commander à la tribu, il faut bien voir qu'il y a du moins autant de pères qu'il y a de familles, et ainsi c'est la nature qui fait la première aristocratie.

Puis dans une telle association ne craignons point de faire intervenir ce droit de convention que tout à l'heure nous avions jugé impossible et barbare. Au contraire, voici que présentement il devient naturel, et qu'il va produire toutes les formes sociales qui se remarquent dans l'histoire. Ce ne sont point tous les membres de l'association qui vont confusément exercer un droit égal, ce qui serait rentrer dans toutes les théories de l'état sauvage; ce sont les *pères*, les *auteurs* des familles, ces témoins naturels de l'inégalité des hommes, qui vont mettre en commun leur intérêt et même leur droit, et donner à cette communauté une existence politique dont les lois seront ensuite au-dessus de leur caprice.

De là la monarchie, et de là la république. Dans l'une l'élection ou l'hérédité; dans l'autre l'unité ou la fédération des tribus; de là l'aristocratie combinée avec ces deux états de société, et les dominant le plus souvent par sa puissance d'analogie avec le droit naturel de la famille; de là enfin toutes les constitutions humaines, avec leurs variétés accommodées aux mœurs, aux idées, aux erreurs mêmes des âges divers.

Ainsi le principe social, qui est la famille, doit subsister toujours, et ce principe est absolu; mais il subsiste avec mille accidens dans les combinaisons de l'association; et comme ces accidens sont soumis à la force des choses, ils peuvent aussi dépendre de la délibération des hommes. Alors apparaissent les révolutions humaines, révolutions plus ou moins sociales, selon qu'elles blessent ou fortifient le principe primitif de la société.

Ce principe que nous trouvons personnifié dans la famille, ne fait pas cependant de l'autorité humaine quelque chose de tellement propre au caractère de *père* qu'elle lui soit identifiée. S'il en était ainsi, l'autorité pourrait être le despotisme, c'est-à-dire une loi de destruction, et n'en être pas moins sacrée.

Il faut au contraire distinguer le principe de l'autorité, de l'exercice même de l'autorité. L'exercice de l'autorité peut être contraire à l'autorité, et c'est alors un funeste renversement de la société, puisque son principe est tourné contre elle-même.

Il s'ensuit que l'autorité, qui est la loi primitive de la société, a besoin de lois qui déterminent son propre exercice.

De là l'origine naturelle de diverses sortes de *droits*, ayant pour fondement le *droit*, c'est-à-dire la conservation de la communauté sociale.

Ces droits concernent la société par rapport à elle-même, et par rapport à d'autres sociétés; et selon ces deux cas on leur donne des noms divers, et deux noms génériques d'abord, le nom de droit public et celui de droit des gens.

Le droit public règle les rapports de l'autorité avec la communauté dans son ensemble. De là la dérivation d'une autre sorte de droit qu'on nomme le *droit civil*, et qui règle les rapports des membres de la communauté entre eux; le droit des gens règle les rapports de la communauté avec d'autres communautés de même nature.

I. Sous le nom de droit public est comprise la définition des droits généraux et des intérêts généraux de la société.

Ici toute la science politique aurait à se dérouler, avec ses questions les plus hautes et les plus graves; mais il nous suffit de rapides indications.

La société, ou communauté, a en elle-même des conditions inhérentes d'existence, et par conséquent elle a des droits.

Le droit de société en général n'est point une convention; car s'il était une convention, il ne serait pas le droit. Le droit social est une dérivation de la nature des choses; ou bien, en d'autres termes, il est l'expression véritable des rapports des êtres qui constituent la société, soit avec la société elle-même, soit avec Dieu.

Nulle convention ne saurait faire que la société ait par le fait même de sa constitution le droit de dominer d'une manière quelconque les êtres qui la constituent.

Cependant ce droit est réel, ou bien il n'y a pas de société. Mais ce n'est pas, disons-nous encore, une convention qui le fait; si c'était une convention, il serait monstrueux; car il serait, ou pourrait être une violation de la nature; et ici encore, le philosophe du Contrat social aurait raison de s'écrier: Maudit le premier qui fit sortir les hommes de leurs forêts!

Mais le droit social n'est pas ainsi fait. Dieu étant l'auteur de la société, comme tout le fait assez voir, l'a créée avec des conditions d'être, qui constituent le droit proprement dit.

Ces conditions sont morales et nécessaires; donc elles ne naissent pas d'un contrat. Elles sont une dérivation naturelle de la pensée de Dieu; donc elles sont antérieures aux conventions d'utilité.

De là il suit que le droit social domine souverainement les volontés propres des membres de la société; car ces volontés, étant diverses, vont à l'anarchie; ou bien si on essaie de les comparer et de les compter, elles vont à une convention; et comme la convention n'a rien d'absolu, ceux mêmes qui la font ne sont pas obligés par elle. De là un principe permanent de variation, auquel on ne peut se soustraire que par un droit social antérieur, expression de la nature des choses.

Le droit social, ainsi entendu, explique naturellement toute la constitution de la société humaine, la propriété d'abord, ce grand mystère de la science politique; puis la transmission de la propriété, cet autre mystère, plus profond encore; et enfin l'inégalité des conditions, ce scandale des raisons débiles ou altérées.

Et sans cela quelle voix d'homme osera s'élever parmi les hommes, pour leur dire d'accepter les sacrifices qui leur sont imposés par la constitution de la société? Et de quel droit le riche, le puissant diront-ils au pauvre, au faible, de rester le front courbé vers la terre, et de vivre dans les larmes et dans le malheur? Imprudens philosophes! ils ôtent Dieu du monde, et ils ne voient pas que s'il n'y restait avec son action cachée, le monde serait à l'instant dispersé en mille débris.

Mais parce que le droit social domine souverainement les volontés privées, ce n'est pas à dire qu'il soit un établissement de servitude.

La servitude est elle-même une violation du droit, du moins à la considérer en dehors des tristes lois auxquelles Dieu a soumis l'humanité en expiation de sa révolte; mais soumettre sa volonté à la suprême volonté, qui est Dieu, ce n'est pas être esclave, c'est être libre; et comme la société est un produit de la volonté de Dieu, obéir aux lois de son existence, c'est entrer pour sa part dans les conditions nécessaires de l'ordre humain.

Quand est-ce donc qu'il y a servitude? C'est lorsque la force de commandement qui est nécessaire à la marche de la société, de quelque part que vienne cette force, se tourne contre le droit, c'est-à-dire met sa volonté propre, qui est aussi une volonté privée, en contradiction avec le droit social, qui est la suprême équité.

C'est pour empêcher cette altération funeste de la nature des choses que sont établies les lois humaines; et le premier principe de la législation doit être de se conformer au droit social; sans cela la législation elle-même devient une tyrannie, et la plus infame de toutes, puisqu'elle consacre l'iniquité par les formes de la justice.

Mais quoi! voici des mystères encore! Il arrive que la législation, au nom du droit social, dispose de la liberté, ou de la propriété, ou du bien-être, ou de la vie même des particuliers. Qu'est-ce à dire? N'est-ce pas encore une occasion de répéter que l'état sauvage est l'état naturel de l'homme? Oui, si vous faites de l'état social une pure convention; car dans l'hypothèse d'une convention, ces lois humaines, qui soumettent les membres de la société à de telles conditions de sacrifice sont des usurpations abominables, et de purs actes de tyrannie.

Dans cette hypothèse, vous ne sauriez dire sur quel principe réel repose la législation qui préside à l'ordre des cités; vous ne sauriez dire de quel droit même la société fait des lois, et surtout des lois de répression ou de pénalité, et surtout des lois de mort.

Des lois de mort! quoi! la société, par un acte de convention, pourra ravir l'existence à un être vivant! cette pensée bouleverse toute l'intelligence humaine. Non, cela ne se peut concevoir; et aussi pour avoir la raison, non-seulement du droit de mort, mais du droit de pénalité, il faut avoir d'abord la raison de la société, c'est-à-dire, il faut pouvoir la considérer comme une loi d'ordre, antérieure à toutes les lois de convention; ou bien toute pénalité est monstrueuse; et si cette pénalité est la mort, toute langue manque de paroles pour exprimer ce qu'il y a d'horrible dans cette atteinte sanglante portée à l'humanité.

Donc en général la législation doit être une expression du droit social, combiné avec les diverses situations par où peuvent passer les agglomérations d'hommes.

Donc le droit social lui-même doit être une expression formelle d'une pensée antérieure d'équité, et d'une loi de souveraineté distincte des volontés privées qui font les lois.

Toute la science du droit public repose sur cette base, et cette base, c'est Dieu.

Nous avons dit que les droits de la société étaient l'expression des rapports des êtres qui la constituent, soit entre eux, soit avec Dieu.

Les rapports des membres de la société avec Dieu sont réglés par la religion, et il semble que la science sociale proprement dite n'a point à s'enquérir de cette nature de droits.

Toutefois elle distingue ici avec raison les membres de la société et la société même; et par là le droit public prend un caractère tout nouveau; car il a pour objet la religion, non point comme règle souveraine de la croyance et du culte des membres de la société, mais comme expression première des lois morales qui constituent leur communauté.

C'est-à-dire, le droit public a pour objet alors le rapport de la religion avec la société, ou mieux encore avec la puissance politique, qui représente son principe de constitution.

Dans les sociétés primitives cette distinction n'eût point été possible, car la religion était toute la société.

Dans les sociétés altérées, la puissance politique tendant à concentrer en elle tout le droit humain, se sépare, autant qu'il lui est donné de le faire, de la religion, qui est le principe du droit. Alors la science commence à trouver un objet nouveau, et cet objet, c'est le rapport de la religion avec l'État, personnification vraie ou fausse de la société.

A part les questions propres aux États chrétiens, questions qui se représenteront par la suite, et qui ne doivent point être ici discutées, il reste sur un tel sujet des questions générales que la science sociale peut rendre applicables à toutes les sociétés du monde; et au-dessus de toutes ces questions, celle-ci surtout, savoir si l'état peut être et doit jamais être athée.

A cette seule question, toute la raison se trouble; et l'on se sent ému de je ne sais quelle douleur inexprimable, en songeant à la profonde altération des idées morales, qui donne lieu à des controverses de cette nature.

Voici qu'il se trouve des hommes qui croient en Dieu, et veulent que la société n'y croie pas; c'est-à-dire qui veulent qu'elle se gouverne comme si pour elle il n'y avait pas de Dieu. Et ainsi sous ce nom d'athéisme, qui fait trembler, ils reproduisent le droit pur de la force; car si le droit social n'admet point Dieu, qu'est-ce que le droit? Imprudens politiques! et meilleurs sans doute que leurs doctrines, ils ont soif de la liberté, et ils courent au despotisme. Dans l'athéisme de la société, la liberté n'est qu'un mot. L'athéisme ôte toute raison au commandement; donc il ramène encore à cette farouche logique du philosophe qui dévoue l'humanité à l'état sauvage.

La science sociale ne saurait aller à un tel excès d'erreur, tant qu'elle se souvient de l'origine du droit humain. Et toutefois elle conciliera la *liberté* intime de l'homme, même de l'homme qui est rebelle à Dieu, avec le principe radical qui met Dieu en tête de la société; car Dieu même a voulu que l'homme fût *libre* de ne lui point obéir. Et cette liberté de l'homme le pousse sans doute aux misères de la servitude, mais aussi elle lui fait un mérite de sa vertu. C'est là tout le fondement de la morale.

Seulement la science reconnaîtra que la liberté de l'homme est renfermée en lui-même, et qu'elle ne peut en aucun cas constituer le droit de blesser par des actes extérieurs le droit social; car cette liberté serait la destruction du monde.

Ainsi la société croit en Dieu et lui rend un culte; de là le rapport de la religion avec l'État, c'est-à-dire de là l'harmonie obligée de la législation de l'État avec le culte de l'État. Ou bien l'État mentirait à lui et aux autres, et son culte serait une insultante hypocrisie.

Sans trop nous arrêter à cette grave question de politique sociale, faisons une remarque succincte.

Nul homme n'oserait dire que la législation de l'État doit être immorale, et il se trouve des hommes qui disent qu'elle doit être athée. Mais quelle immoralité plus monstrueuse que l'athéisme? et dans l'athéisme comment la loi serait-elle morale?

La loi n'est morale que si elle est conforme aux principes constitutifs de la société; donc elle ne saurait être athée. Dites, si vous le voulez, qu'elle n'ira pas saisir l'athée dans sa frénésie idiote, pour le contraindre à faire un acte menteur d'adoration au pied des autels ; mais ne dites pas que, pour complaire à cet insensé, elle se gardera de proclamer le nom de Dieu. Autant vaudrait dire que, pour complaire au malfaiteur qui cherche le ravage et la ruine, elle se gardera de proclamer le principe éternel qui prescrit l'équité à tous les êtres.

Mais telle est l'admirable loi de la société que son droit public est naturellement en harmonie avec les droits privés de tous ses membres, tels que Dieu même les leur a faits; car comme la société est une dérivation de la famille, toutes les familles y subsistent avec leur constitution propre; et cette constitution, à bien dire, c'est le droit naturel, et la science n'en saurait trouver d'autre.

Aussi le droit primitif de la famille ne saurait être altéré par le droit public de la société, sans qu'il y eût un grand désordre.

Par exemple, imaginez une législation qui rompt le droit de la famille par l'institution du divorce, toute l'harmonie sociale en est à l'instant brisée, et cette violation du droit naturel est un indice lamentable de quelque grande révolution qui a pesé sur l'humanité.

Imaginez encore que la législation vient saisir dans les mains du père le droit naturel qu'il a, comme père, d'élever ses enfans; et cette usurpation vous décèlera un état de dégradation sociale, plus fatale que la servitude d'une nation entière sur laquelle aurait passé l'épée de quelque tyran.

C'est pourquoi la science qui étudie les rapports des êtres, comprend sous le nom de droit commun tous les droits privés qui résultent pour chacun de la nature des choses; et plus la législation est conforme à la religion, qui renferme tous les élémens du droit humain, plus les existences privées gardent de liberté, et plus l'harmonie sociale touche à sa perfection.

De sorte que le rapport de la religion et de l'État détermine à des degrés divers cette jouissance du droit commun, qui est la seule égalité des hommes. Et, chose téméraire à dire à ce siècle! plus l'État serait identifié à la religion, plus la liberté serait grande, car plus l'équité universelle serait assurée.

Hâtons-nous d'arriver à des aperçus d'une autre nature.

Nous avons fait la distinction des droits généraux et des intérêts généraux de la société.

La science s'occupe des uns et des autres, en restant fidèle à la même pensée d'où dérive tout le système de l'humanité.

Dès qu'il est question des intérêts généraux, la science prend le nom de droit administratif. Et cependant le droit administratif ne saurait être absolument distinct du droit public; car les intérêts sociaux sont des droits, ou ils ne sont rien; et de même les droits sociaux sont des intérêts, ou ils ne sont pas même des droits.

Mais sans méconnaître le lien naturel qui rattache entre eux les droits et les intérêts des hommes, on peut envisager les uns et les autres sous divers aspects.

D'ailleurs, il y a entre les intérêts et les droits (nous parlons des droits réels et naturels de l'humanité) cette séparation essentielle, c'est que les intérêts, bien qu'ils soient des droits, peuvent varier, et que les droits, bien qu'ils soient des intérêts, ne varient pas.

De là le terme même d'administration, appliqué aux intérêts, et non point aux droits.

L'administration des intérêts admet la mobilité; la consécration des droits suppose la perpétuité.

Il s'en suit qu'il y a deux ordres très distincts d'action publique dans le gouvernement des sociétés, la première ayant les droits pour objet, la seconde les intérêts.

Comme les droits n'admettent pas la mobilité, c'est le pouvoir naturel ou naturellemeut constitué qui en est le gardien; et comme les intérêts sont modifiables, c'est la société même qui en détermine les transformations par les lois.

Dans nos temps modernes on s'est mépris tristement sur la nature des choses. On a cru faire les droits par des constitutions. Les constitutions au contraire sont déterminées par les droits.

Il n'en est pas de même des intérêts. Les intérêts ne font pas les lois; mais les lois constituent les intérêts.

A la vérité, lorsque les lois forcent leur propre puissance, et entendent maîtriser les intérêts qui ont aussi leur nature propre, aussi bien que leur loi de progression ou de changement, il y a tyrannie dans la société.

C'est pourquoi la liberté est laissée aux membres de la société de discuter eux-mêmes leurs intérêts, ou de les défendre, afin que le droit administratif ne devienne pas une dérision du droit.

De la sorte est conservée cette double action publique dont nous parlions, l'une, action politique, l'autre, action administrative; la première exercée par l'autorité sociale, la seconde délibérée par les membres de la société; chacune toutefois ayant sa règle supérieure dans le droit social.

Et lorsque ces deux actions distinctes sont pleinement en harmonie entre elles, l'ordre règne dans la société. Alors le pouvoir est libre, et le peuple est libre. Le pouvoir est fort pour défendre la constitution de la société, et le peuple est fort pour empêcher que la constitution de la société n'absorbe son bien-être ou ses intérêts.

M. de Bonald dit la même chose en d'autres termes.

« La société la mieux constituée est celle où le pouvoir est le plus *honoré* (1) en lui-même, et dans ceux qui le représentent; et la société la

(1) M. de Bonald souligne ce mot, parce que sa pensée revient à cette grande pensée du Décalogue : *Honore ton père et ta mère;* et que pour lui, *comme pour nous*, c'est là tout le fondement du droit politique.

mieux administrée est celle où la vie et les propriétés de l'homme sont le mieux défendues contre l'oppression. La société dont la constitution est la plus naturelle et qui a l'administration la plus sage est la plus civilisée ; et alors *elle vit long-temps sur la terre,* parce que la durée d'une société qui est *sui juris* est proportionnée à la force de sa constitution et à la sagesse de son administration (1) ».

Notre objet ne saurait être ici de tirer toutes les conséquences pratiques de ces principes. Il suffisait d'indiquer avec précision les élémens réels de la société.

La science ensuite est chargée de diriger ou d'expliquer les applications, qui ne sont que les expériences de la vérité. Ici le champ reste vaste, et par malheur les révolutions humaines l'agrandissent à chaque moment, en multipliant les accidens au milieu desquels s'exerce le pouvoir des sociétés ou le droit des êtres qui les constituent.

C'est pourquoi chaque siècle apporte ses tempéramens à l'usage naturel du droit, sans que le principe du droit doive être jamais altéré.

De là les progrès, disons plutôt les variations de la science, puisqu'elle suit la modification perpétuelle des applications. Ainsi, de nos jours, la science sociale s'est enrichie d'une branche de culture, peu aperçue par les anciens publicistes ; nous parlons de l'*Économie politique.*

L'économie politique a pour objet l'étude et la classification des intérêts matériels de la société. Cette partie des sciences a dû se produire en un temps où la société humaine tendait à se matérialiser, et à faire abstraction des idées morales qui en sont le premier élément. Elle est donc une science propre à notre âge. Elle n'eût point été soupçonnée en des temps où le bien-être des masses était placé sous la sauvegarde de la religion.

Mais, chose très digne de remarque ! à peine venue au monde, cette science qui cherchait l'amélioration du sort des hommes par des moyens tout distincts de la religion, s'est vue obligée d'assimiler les hommes à des bêtes brutes, ou à des instrumens de mécanique.

Et elle n'eût pas échappé à cette triste et fatale nécessité. Elle ne voulait point rompre l'harmonie sociale, et pourtant elle ne gardait aucune raison de la consacrer avec ce qu'elle semble avoir de plus blessant pour la dignité et le bien-être des multitudes qui entrent dans la communauté. Il fallait donc tenir ces multitudes sous leur loi de fer et de plomb, les dévouer, au nom de je ne sais quelle raison cent fois plus aveugle que le destin, à leurs larmes, à leurs misères, et à leurs labeurs. Puis toute la philanthropie de la science allait à enseigner aux classes plus fortunées à tirer parti de cette condition infernale, et à supputer le prix de l'humiliation et des

(1) Législ. prim. liv. II, chap. V.

pleurs. Et il fallait que dans ces trafics de dégradation la misère trouvât son compte; trop heureux le pauvre de recevoir un salaire pour la part d'infortune que lui jetait la société, et de devenir ainsi l'instrument avoué des délices du riche et des voluptés du puissant.

Du reste, tout ce qui pourrait être ici exposé du caractère de cette science, nous parlons de la science distincte du principe social qui est Dieu, n'équivaudrait point à une citation empruntée à elle-même.

« Un ouvrier, en économie politique, dit-elle, n'est autre chose qu'un capital fixe, accumulé par le pays qui l'a entretenu tout le temps nécessaire à son apprentissage et à l'entier développement de ses forces. Par rapport à la production de la richesse, *on doit le considérer comme une machine* à la construction de laquelle on a employé un capital qui commence à être remboursé et à payer intérêt, du moment qu'elle devient par l'industrie un utile auxiliaire. Les utilités que cet ouvrier procure par son travail lui sont moins profitables qu'à celui qui l'emploie; de même qu'une machine est moins profitable à celui qui l'a construite qu'à ceux qui s'en servent moyennant une rente ou une location que perçoit le propriétaire (1) ».

Voilà donc où descend la science matérialiste, avec son zèle apparent de philanthropie. C'est qu'elle ne veut point monter au principe naturel des choses, qui est toute l'explication des conditions inégales de la société, mais qui l'est aussi de cette autre condition égale pour tous, de la condition de la fraternité et de l'amour. De là une science sans entrailles et aussi sans vérité et sans pénétration; science bornée aux surfaces de la société, qui, trouvant des larmes dans le monde, ne s'enquiert pas d'où elles viennent et ne soupçonne pas qu'il y ait pour l'homme heureux quelque motif raisonnable de les tarir; science barbare, qui cherche seulement quelle part peuvent avoir ces larmes dans la prospérité du riche; et par là même, science idiote et ignorante des causes réelles du bonheur et de l'adversité, et qui reste tout étonnée et interdite, lorsque sur cet édifice mécanique, qu'elle prend pour la société, la providence précipite quelques-unes de ces tempêtes qu'on nomme révolutions, lesquelles viennent tout déplacer, jusqu'à la misère, mais seulement ne la détruisent pas.

Toutefois l'économie politique est une science qui ne manque pas de réalité. Les âges de foi ne l'eussent pas soupçonnée, et elle n'a pu naître qu'en des temps de matérialisme. Mais elle n'échappera point à la lumière de la religion; et venue au monde pour expliquer la société, dans ce

(1) Cours éclectique d'économie politique par M. Florez-Estrada, tom. 1er, chap. XIV, pag. 565.

qu'elle a de plus saisissable, le travail et le bien-être, l'industrie et la misère, il faudra bien que ses études la ramènent à Dieu, hors duquel cette classification de la *production* et de la *consommation* est une fatalité qui provoque toutes les révoltes, et désespère toutes les philosophies (1).

Ainsi c'est toujours Dieu qui reparaît dans les sciences sociales, ou bien elles restent enveloppées de mystère.

Il est temps de le faire entendre une dernière fois en résumant en quelques mots tout ce qui vient d'être dit sur la société.

On ne saurait nier que les bases que nous avons données à sa constitution ne se retrouvent dans toute l'histoire des nations anciennes et modernes. C'est que toutes les nations remontent à une origine commune.

Partout vous trouvez la société profondément imbue de quelques maximes fondamentales qui constituent tout l'ordre humain; partout un pouvoir, chargé de la défense de la constitution; partout la constitution établie sur le droit, ou sur l'apparence du droit; partout l'invocation de l'équité; partout des lois ayant la justice pour base ou pour objet; partout la représentation politique de la société, telle qu'elle se trouve primitivement à l'état de famille; et aussi partout la divinité; partout le culte social rendu à sa providence; partout la religion enfin, et cela sans nulle exception dans l'histoire de l'humanité.

Pourtant une grande variété subsiste dans cette unité; variété dans les lois, dans les coutumes, dans les formes du pouvoir, dans les formes de la liberté, et quelquefois de la servitude; car il arrive que l'application du droit peut être l'altération du droit, par suite de la passion humaine, qui met son interprétation à la place de la règle souveraine.

Il s'ensuivrait rigoureusement que, le droit étant absolu, l'application du droit ne saurait être conforme à la suprême justice que sous la conduite immédiate de Dieu même; et, à vrai dire, la théocratie, dont le nom fait peur, doit paraître le gouvernement naturel de la société, puisqu'elle est la loi suprême du droit.

Mais Dieu n'a pas entendu soumettre la société humaine à cette forme de constitution, qui serait une révélation permanente; peut-être par une condescendance mystérieuse pour l'humanité, afin de ne la point exposer à des rébellions trop monstrueuses contre lui-même si son autorité lui était toujours montrée dans son appareil de commandement et de clarté, ou peut-être par des secrets plus profonds encore, afin de laisser aux hommes réunis en société le triste soin de réparer sur la terre, par la mobilité de leurs établissemens et de leurs destructions, une rébellion pre-

(1) Voyez l'excellent ouvrage de M. de Villeneuve, de *l'Économie politique chrétienne.*

mière, dont la rédemption, acquise à chacun d'eux, n'a point exempté la communauté sociale de sa part immense d'expiation.

Considérée sous ce rapport, la science prend un caractère que nous indiquons à peine. La philosophie la plus haute vient l'inspirer. Je ne sais quoi de poétique même se mêle à sa pensée toute céleste, et on aime jusqu'au vague qu'elle laisse alors dans ses vues de *palingénésie* providentielle, comme si elle tendait à s'établir dans une sphère d'idées intermédiaires entre le ciel et la terre, où l'obscurité a sa grandeur, et le mystère sa suavité.

Toutefois la science chrétienne est plus précise; elle considère le droit et l'intérêt de l'humanité dans ce qu'ils ont de plus simple et de plus naturel; elle ne fait point de théories pour un ordre inconnu d'intelligences; mais elle prend l'homme social avec ce qu'il a de vice et de vertu, de grandeur et de misère, et elle le soumet à une loi publique, merveilleusement accommodée à sa nature.

La science chrétienne résume et embrasse tout ce qu'il y eut jamais d'applicable dans les diverses sociétés humaines; et puis le principe cathotholique vient se mêler à tout ce bel ensemble pour le féconder.

Le principe catholique, avons-nous dit, c'est l'autorité, et le principe chrétien, c'est la soumission; magnifique loi de l'harmonie, qui long-temps présida à toutes les constitutions du monde civilisé, et dans laquelle le liberté humaine avait sa sanction comme le pouvoir.

Car si le pouvoir politique est l'expression de l'autorité catholique, qui est la justice suprême ou qui n'est rien, la liberté par là même est assurée. Et aussi la première organisation politique du catholicisme mit le peuple sous le patronage puissant de la religion ou du clergé, et les monarchies de la chrétienté donnèrent le bel exemple d'une dignité *honorée* dans le pouvoir, et d'une dignité respectée dans le peuple, le pouvoir étant l'expression de l'unité de la famille sociale, et les familles associées ayant leur droit naturel représenté dans leurs corporations.

Ne nions aucun abus, ce serait nier l'histoire.

Le catholicisme ne s'était point chargé d'extirper de l'ame humaine l'orgueil, qui est tantôt du despotisme, et tantôt de la révolte. Il lui suffisait d'avoir montré à l'homme la loi de la perfection, même ici bas.

La politique, dans les États chrétiens, s'altéra souvent par la passion et la colère. De là d'immenses désordres, et toutefois des désordres passagers; car s'ils étaient un violent effort pour se soustraire à la loi de l'ordre, la loi de l'ordre n'était pas logiquement atteinte par la rébellion.

Le désordre le plus profond et le plus fatal, ce fut lorsque la loi de l'ordre fut méconnue comme loi; alors la rébellion s'attaqua à la racine de la société; la *réforme* fut ce désordre.

La réforme sapa l'autorité; et naturellement elle eut pour auxiliaire la passion des pouvoirs humains, qui voulurent s'affranchir de la loi qui leur imposait souverainement l'équité envers eux-mêmes et envers les autres.

C'est ici qu'on remarquera la distinction de l'autorité et du pouvoir; l'autorité, c'est Dieu ; le pouvoir, c'est l'homme.

La réforme ayant détruit l'autorité, il ne resta que le pouvoir, c'est-à-dire la domination de l'homme sur l'homme. Le despotisme moderne n'a point d'autre origine.

Et voyez l'admirable instinct des peuples ! Eux, par un penchant naturel de liberté, s'attachèrent à cette loi d'autorité, qui devait commander aux pouvoirs, comme aux sujets, et par là même maintenir la grande *égalité humaine*, qui est l'équité, et l'on eut l'étonnant spectacle des aristocraties de l'Europe, liguées entre elles pour implanter la réforme dans les vieilles sociétés chrétiennes, tandis que les masses populaires se réfugiaient, comme jadis, dans le sanctuaire catholique, comme dans l'asile inviolable de la liberté.

Ceux qui acceptent la réforme comme un bienfait social, devraient prendre garde à ce mouvement de l'humanité. Quand on a inscrit sur son drapeau cette parole : *défense des peuples*, il ne faudrait pas le traîner à la suite des bannières d'une féodalité dégénérée.

Toujours est-il que dans l'autorité catholique il y a tout ce qu'il faut pour sanctionner la liberté des nations; et hors d'elle il ne reste que le droit formidable de la force.

Aussi depuis trois siècles de lutte intellectuelle, une puissante réaction se fait sous nos yeux, pour donner gain de cause à ce merveilleux instinct des masses qui protestaient par les armes contre Luther, le fondateur du despotisme; cette réaction, vous la trouvez partout où il y a des lumières et du courage, de la dignité et de la foi.

C'est pourquoi la science protestante n'a plus de vie, elle s'est éteinte dans les doutes. Il ne reste désormais à la civilisation humaine que la science catholique.

La science catholique seule explique l'homme, explique la société, et aussi ce flux et reflux d'évènemens et de révolutions, au milieu desquels il semble quelquefois que le monde va s'engloutir, et sur lesquels vient toujours se reposer et respirer le génie de l'humanité.

Peut-être notre plume se laisserait trop aisément aller au développement de ces pensées, et pourtant d'autres sujets nous attendent.

II. Ajoutons une dernière parole sur la science sociale, lorsqu'elle a pour objet les rapports privés des membres de la société entre eux.

La science traite alors du droit civil. Le droit civil et les droits civils ne présentent point une notion commune à l'esprit; le droit civil dérive de la constitution naturelle de la famille humaine; les droits civils dérivent de la constitution de plusieurs familles associées en état ou en cité; le droit civil repose sur la nature des choses, ou sur l'équité souveraine; les droits civils, sans s'éloigner jamais de l'équité, se prêtent à la modification qui naît des conventions.

Il s'en suit que les droits civils rentrent dans le domaine de la sience qui a pour objet l'administration de la société; et le droit civil constitue une science propre, indépendante des hommes en quelque sorte, bien que la mobilité de leurs passions ou la faiblesse de leur esprit vienne souvent l'altérer : cette science, c'est la justice.

La théorie de la justice est facile après ce qui a été dit de l'origine de la société humaine; la pratique l'est moins à cause de l'altération des élémens qui la constituent.

Toujours est-il que Dieu a voulu que, dans l'association de plusieurs familles, la force ne présidât pas au droit de chacune: chacune en effet eût dès lors perdu son indépendance propre, et la société eût fini par être un brigandage.

De là le droit civil et de là la justice.

Mais il est miraculeux que dans la société, où la force serait toujours si facilement maîtresse, cette pensée du droit ou de la justice suffise pour protéger toutes les familles dans leur constitution propre, et par exemple pour les maintenir dans leurs propriétés, ce grand mystère de l'ordre humain.

Certes les hommes font si bien que la justice n'est pas toujours juste, et cependant elle reste toujours puissante.

Comment la science explique-t-elle cet empire de la justice, si elle se renferme dans la pure convention pour tout fondement de la société?

Tel est le sentiment profond de la justice que Dieu a mis au cœur de la société, que lorsqu'elle n'est pas clairement formulée par des lois, la simple coutume lui tient lieu d'expression, et à défaut de droit écrit et promulgué par l'autorité sociale, la jurisprudence devient la loi suprême et toute la barrière des usurpations.

C'est encore au christianisme à nous expliquer cette nature intime de la société; partout la même loi d'ordre se révèle; mais nulle part elle n'a sa sanction et sa lumière comme dans la religion qui remonte au berceau du monde. Et il s'en suit qu'en dehors du christianisme la science des lois peut être sans doute une nomenclature savante; mais dans le christianisme seul elle a le secret du principe profond, mystérieux, immortel, qui donne aux lois cette force morale sans laquelle elles ne sont qu'une tyrannie.

III. Il resterait à examiner cette autre partie des sciences sociales, que nous connaissons sous le nom de droit des gens; renfermons-nous en quelques généralités rapidement énoncées.

Le droit des gens a pour objet le rapport de la société considérée comme agglomération de familles en corps d'État avec d'autres sociétés de même nature.

Ce rapport constitue les sociétés entre elles, soit en état de paix, soit en état de guerre, et de cette double manière d'être résulte également la défense ou la conservation naturelle de chacune d'elles.

Chaque corps de société est en effet comme un être vivant, qui a sa liberté propre. Mais toutes les sociétés réunies formant le vaste ensemble de l'humanité, il en résulte une société unique, composée d'êtres publics distincts, desquels la conservation est soumise à des lois communes, de telle sorte que nul d'entr'eux ne saurait se faire juge de son droit par sa seule force, sans bouleverser tout l'ordre humain.

Il s'ensuit que le droit des gens est le droit public de l'humanité, comme le droit public est le droit propre de chaque société.

A cet égard M. de Bonald a résumé en quelques mots toute la science. « Tout ce qui a été dit de l'indépendance réciproque et des rapports des familles entr'elles, peut s'appliquer à l'indépendance et aux rapports des nations entr'elles, avec cette différence toutefois que les familles en état civil, ont au-dessus d'elles le pouvoir public qui les ramène à l'ordre par la force des lois, et que les nations n'ont au-dessus d'elles que le pouvoir universel ou divin, qui les ramène à l'ordre par la force des évènemens » (1).

Le droit des gens n'est donc pas plus une convention que tous les autres droits; le droit des gens est une dérivation naturelle des choses. Il repose sur un principe d'équité sociale, que les hommes n'ont pas fait, mais dont les applications peuvent être malheureusement subordonnées à leur caprice.

Lorsque les sociétés diverses reconnaissent et suivent également ce principe de droit, qui donne à chacun son indépendance propre, il y a paix dans le monde; la paix est donc ce qu'on nomme, en langage moderne, l'état normal de l'humanité; la paix suppose la pleine équité, c'est-à-dire la pleine jouissance du droit.

Toutefois les intérêts peuvent rester contraires dans l'état de paix. Il se fait alors entre les nations une sorte de justice, qui a son analogie avec le droit civil de chacune d'elles, si ce n'est que d'une part les controverses sont terminées par des traités, qui sont des jugemens de convention, et de l'autre par des arrêts qui sont des jugemens d'autorité. Mais toujours il y a un principe d'équité qui est invoqué dans ces décisions, et la diplomatie, qui est la science du *droit civil* des États, malgré ses détours et ses subti-

(1) Législ. prim. liv. 2, chap. XIV.

lités, dans la conduite vulgaire des intérêts des États, ne saurait méconnaître que la paix des nations entre elles n'est pas seulement une combinaison de l'habileté, mais un produit même de la justice.

Et d'après cela, la guerre que peut-elle être ?

Il semble d'abord que la guerre est une violation du droit commun des sociétés, et puis on voit qu'elle en est au contraire une défense ou une réparation.

S'il arrive qu'une société veuille troubler par la force l'indépendance d'une société voisine, la guerre est en effet une violation du droit humain.

Mais si le droit commun des sociétés est simplement méconnu à l'égard de l'une d'elles, de telle sorte que la paix n'ait plus son principe d'équité, la résistance, c'est-à-dire la guerre, devient la justice.

Terrible justice, dans laquelle le plus souvent s'abîment tous les droits! mais il n'y en a pas d'autre de possible.

Aussi la guerre mérite d'être envisagée par la science sociale sous deux aspects très importans, comme loi de destruction et comme loi de conservation, et dans les deux cas comme mystère profond dans la marche de l'humanité.

Ici nous n'avons pas à approfondir ce vaste sujet de philosophie. Disons seulement qu'il faut bien qu'il y ait dans la guerre quelque chose de tristement conforme aux lois générales de l'humanité; car, à prendre l'histoire du monde, vous la trouvez toute remplie de batailles, et la paix semble n'être qu'une exception dans cette succession continue de destructions.

Et de plus il faut bien que la guerre ne soit pas en elle-même quelque chose de distinct de la justice humaine; car nulle guerre ne s'est jamais entreprise entre les nations civilisées sans une proclamation publique des lois de conservation ou de défense qui leur sont propres. La conquête elle-même des États veut paraître légitime, et il n'y a que les invasions des barbares qui se soient faites sans ce préliminaire d'invocation adressée à la justice éternelle.

Mais précisément ce qui est mystérieux dans la guerre, c'est qu'elle entre pour quelque chose dans l'harmonie des lois sociales, et que l'humanité tout entière obéisse à cette fatalité de la ruine et du ravage qui se fait sentir comme une loi de vie et de perpétuité.

C'est donc que la guerre a enfin quelque chose qui domine la pensée de ceux qui la font, et qui la fait entrer à leur insu dans les lois suprêmes de l'ordre humain.

Qui est-ce qui résoudra ce mystère de la Providence? mais qui est-ce qui refusera de le reconnaître? Chose étonnante! l'homme vante les bienfaits de la paix, mais il aime les horreurs de la guerre. La gloire la plus éclatante est celle des destructions et des meurtres. La raison s'abîme dans cette contradiction, à moins que tout à coup elle ne monte à Dieu, pour avoir le secret des maux de l'humanité, depuis le mystère de sa déchéance, jusqu'à celui de son expiation.

La science vulgaire n'a point coutume, à la vérité, d'envisager sous cet aspect la condition de la guerre; c'est au christianisme que nous devons cette philosophie providentielle, et lui seul a jeté une lumière profonde sur ce droit fatal d'extermination, que les hommes de tous les siècles n'ont su qu'exercer avec barbarie.

Ajoutons que le christianisme, en jetant de hautes clartés sur la nature formidable du droit de la guerre, a surtout éclairé les hommes sur l'exercice plus formidable encore de ce droit.

C'est que tout est pratique dans le christianisme; et aussi tout y est conforme au bien-être de l'humanité.

Ainsi dans le christianisme le droit des gens n'est pas simplement une théorie sociale; il est surtout une loi réelle de constitution, qui s'applique également à l'état de paix et à l'état de guerre.

Hors du christianisme la paix, c'est la servitude; l'empire, c'est l'extermination; *auferre, trucidare, rapere, falsis nominibus imperium; atque ubi solitudinem faciunt, pacem appellant* (1).

Dans le christianisme la guerre est rendue humaine ainsi que la paix, si ce n'est que la férocité personnelle vient souvent s'ajouter aux lois publiques de l'ordre; mais c'est là une violation exceptionnelle du droit, et la science sociale peut au travers des crimes privés faire entendre la voix de l'humanité et de la clémence, et ainsi la loi mystérieuse d'expiation reste entière avec la loi divine et protectrice de la charité.

C'est donc toujours au christianisme qu'il faut revenir pour avoir le complément de la science humaine. Et ce mot même de christianisme est tellement mêlé et identifié à la notion du droit social, qu'il a long-temps exprimé et qu'il exprimera long-temps encore la civilisation des États. Le droit des gens n'a jamais été formulé exactement ni rigoureusement appliqué, si ce n'est dans les rapports publics des États dont l'ensemble était désigné sous le nom de *chrétienté*, et dont l'unité n'a pu être rompue que par l'invasion d'une politique matérialiste et barbare; et depuis lors aussi tout s'est affaibli dans la constitution des peuples, la liberté comme le pouvoir; de sorte que présentement l'objet moral et humain de la science est de reconstruire cette magnifique unité du christianisme dans laquelle se concentre la défense des empires, aussi bien que la conservation des particuliers.

(1) Tac. Agr.

VII.

Ne semble-t-il pas que par cet aperçu des sciences qui ont l'homme moral et la société pour objet, toute l'humanité est expliquée?

Aussi désormais nous pourrons marcher plus rapidement dans l'examen philosophique des autres sciences. Voici que le christianisme nous a montré la lumière qui les éclaire; nous ne les suivrons pas dans le détail de leurs découvertes, mais nous distinguerons en chacun de leurs efforts le principe même d'où dérive la certitude de leurs notions, et la puissance de réflexion par laquelle l'homme les élabore en lui-même et les répand ensuite toutes fécondées au dehors de son intelligence.

Les sciences historiques viennent les premières confirmer les principes généraux que nous avons posés.

L'histoire, dans le système scientifique que nous résumons, n'est pas apparemment une simple collection de souvenirs, qui se rapporteraient à l'existence privée ou publique des hommes, mais qui ne se rattacheraient à aucune pensée antérieure de création ou d'autorité; l'histoire, ainsi restreinte à des faits même importans, mérite à peine le nom de science; c'est une compilation faite peut-être avec éloquence, mais qui manque d'instruction morale et philosophique; c'est un drame, c'est une épopée, c'est une œuvre de poésie grande et belle, mais une œuvre sans rapport avec le système scientifique de l'humanité.

Agrandissons l'histoire pour en faire quelque chose de supérieur aux travaux artificiels des poètes, et surtout aux travaux mécaniques des compilateurs.

Peu s'en faut que de la sorte nous ne fassions de l'histoire la première des sciences. Et du moins elle les embrasse toutes sans exception dans son domaine. L'histoire embrasse l'homme, la famille, la société, l'humanité. L'histoire touche au berceau du monde. Elle suit le mouvement des êtres; elle voit naître la création; elle entend et elle voit Dieu conversant avec l'homme; elle recueille les premiers accidens de la vie humaine; elle a le secret des misères qui couvrent la terre; elle voit se former les peuples; elle garde la mémoire des crimes et des expiations; rien ne lui est voilé, et par elle l'homme, à quelque point qu'il soit jeté dans l'immensité des temps, peut toujours avoir la révélation des mystères qui l'enveloppent, et l'explication des doutes que le désolent.

En un mot l'histoire est comme une philosophie où vont se dénouer toutes les difficultés des philosophies qui ont l'homme et le monde pour objet.

Nous cherchons l'unité des sciences ; elle est dans l'histoire.

L'histoire est en dernière analyse la raison de toutes les croyances de l'homme. Comment en serait-il autrement? La pure théorie ne saurait être propre à l'humanité. Tout pour elle se réduit en faits constatés en quelque sorte, jusqu'à la religion, la science des purs rapports des êtres intelligens avec Dieu, suprême intelligence.

En effet ces rapports, en tant qu'enseignés ou montrés à l'homme, lui deviennent des faits, ne fût-ce que dans leur mode de révélation. Et il les croit avant de les comprendre.

C'est pourquoi la démonstration la plus philosophique de la religion, c'est l'histoire.

La philosophie, par ses efforts de raisonnement, arrive bien à montrer les lois de l'humanité, mais l'histoire les avait d'abord indiqués à la philosophie.

On ne fait pas attention à cet ordre harmonique qui met l'histoire, ou les faits de l'humanité, avant la philosophie ou la réflexion.

Dans toutes les choses de la vie morale il en est ainsi. La science des devoirs serait futile, si l'histoire ne la précédait; car c'est l'histoire qui dit à l'homme l'origine des lois formelles de son existence.

De même dans la vie sociale. Comment la philosophie démontrera-t-elle la société, si l'histoire ne la lui montre comme un fait primitif indépendant de l'homme même?

Sans l'histoire, il n'y a point de science humaine.

Pauvre science humaine! Le premier soin qui la travaille est de détruire l'histoire; c'est comme si elle se détruisait elle-même.

Pour ne parler que d'un seul fait historique, mais du fait auquel sont attachés tous les anneaux de l'histoire, du fait de la création, n'est-il pas visible qu'en le faisant disparaître, la science des temps modernes couvrait le monde d'une vaste obscurité?

Car enfin l'homme a commencé sur la terre. Il est trop visible qu'il n'est pas éternel, lui, être chétif qui naît et meurt dans la faiblesse et la honte; lui frappé de tous les stygmates visibles de la destruction.

Que la science donc recule, tant qu'il plaît à son caprice, l'apparition de l'homme sur la terre, afin de donner un démenti à l'histoire, qui le montre à une époque précise et récente! Plus elle se perd dans les temps, plus elle se ment à elle-même; car si l'homme est antique, la civilisation ne l'est pas. Cette civilisation, nous la touchons partout du doigt, nous touchons ses monumens épars dans les ruines des peuples. Or si la civilisation a commencé à un moment qui n'est pas très lointain, il va falloir que la science admette une succession antérieure et indéfinie d'âges ou de siècles dans lesquels l'humanité serait restée inféconde! La pensée se perd dans cette simple hypothèse, qui, une fois admise, doit être étendue jusqu'à l'infini.

Mais encore, après tout, il faudra bien toucher à une limite : ainsi ne voulant point de la création à une époque certaine et historique, voilà que la science est contrainte de l'admettre à une époque indécise et hypothétique, laissant ensuite un immense vide, impossible à remplir, et désolant à imaginer. Quelle rêverie !

Revenons à l'histoire, et voyons comment dans la marche des temps elle nous explique l'humanité.

Il est remarquable qu'ayant établi par le raisonnement la nécessité pour l'homme de déduire ses connaissances morales d'un fait primitif de révélation, l'histoire vienne nous montrer précisément par ses récits que toute la science humaine repose en effet sur une telle base.

L'histoire nous fait assister à l'origine de l'homme, de la famille et des sociétés, et sans ce souvenir fidèlement conservé la science humaine ne serait qu'un affreux mystère.

A sa naissance, sous la main de son créateur, l'homme est complet. Ce n'est pas un enfant longtemps bercé sur les genoux de sa mère, et apprenant péniblement à bégayer une langue qu'il ne sait pas, pour exprimer des pensées douteuses encore. C'est une créature achevée, pensante et parlante, douée par conséquent de toutes ses facultés intellectuelles, et répondant pleinement, dès son premier moment d'existence, à la pensée que Dieu a voulu réaliser en disant en lui-même : *Faisons l'homme !*

Pourquoi la science ne se fixe-t-elle pas à ce souvenir solennel de l'histoire ?

Il lui épargnerait bien des doutes, bien de vaines recherches et de désolantes chimères.

L'histoire explique l'homme par cette simple communication avec Dieu. Elle explique le langage humain ; elle explique la pensée ; elle explique l'enseignement ; elle explique l'universalité de certaines notions qui vivent dans le fond du cœur de l'humanité.

Puis, tout étonnés que nous sommes de je ne sais quelle fatalité qui pèse sur le front des hommes, et les voyant noyés dans les larmes et courbés sous le poids des douleurs, souvenons-nous de l'histoire encore afin d'avoir le secret de cette créature née dans la gloire et tombée dans l'ignominie.

La destinée de l'humanité n'est intelligible qu'à celui qui a ainsi suivi l'histoire de son origine et de sa déchéance. Toute philosophie doit avouer sans cela son ignorance sur toutes les choses qui tiennent le plus à l'objet naturel de ses recherches.

Ainsi l'histoire préside à la science humaine. Elle est comme la lumière de l'humanité, non-seulement dans les faits qui se rapportent à la vie extérieure des hommes et des sociétés, mais dans les faits qui se rattachent à leur vie intime ou intelligente, c'est-à-dire dans les opinions, les mœurs, les arts, les sciences proprement dites, les lois, les cultes, les religions, et la fable même.

L'histoire sans doute n'a point toujours été considérée de la sorte. C'est encore au génie chrétien que nous devons cet agrandissement de ses études. Et voici comment, à chaque besoin des hommes, le christianisme répond par une inspiration féconde, comment, à chaque erreur nouvelle, il répond par une effusion de lumières inconnues.

La science ayant voulu armer l'histoire contre le christianisme, il est arrivé que le christianisme a appelé l'histoire comme un témoin de plus de son vieux droit au respect des hommes.

Que n'a-t-on pas demandé à l'histoire, pour servir d'attaque aux croyances chrétiennes?

On a fouillé les mythologies antiques. On a fouillé les temps de barbarie et de superstition. On est remonté dans les vieux âges. On a pénétré dans l'Inde. On a interrogé les débris des cultes éteints. On a demandé à la Chine ses titres d'antiquité. On a sondé le sein de la terre pour lui arracher ses monumens mystérieux. On a fait parler l'orient. On a fait parler les astres mêmes. Et comme, de toute cette recherche désordonnée des choses inconnues, il devait par hasard sortir des révélations plus ou moins analogues à une pensée primitive qui vit entière et resplendissante dans le christianisme, on a cru toucher le moment où la civilisation tout entière se lèverait sur tous les points du globe pour accuser le christianisme de n'être qu'une imitation de ces souvenirs épars, de ces dogmes confus, de ces folies disséminées dans l'humanité.

Eh bien! Dieu a voulu laisser aller la science jusqu'au bout de sa curiosité hostile et imprévoyante. Puis quand tous les monumens ont été recueillis, quand tous les âges ont été explorés, quand le triomphe a paru bien assuré à cette pauvre philosophie qui voulait se passer d'une révélation, l'histoire, inspirée par le christianisme, est arrivée au milieu de ces souvenirs amoncelés, et s'est prise à remercier la science de ses labeurs, les trouvant bons et profitables, et les coordonnant merveilleusement à cette grande philosophie de l'humanité dont le secret est dans la tradition de nos livres saints.

L'histoire a pris dès lors un mouvement tout nouveau d'expansion qui a fécondé toutes les sciences, et surtout la science de l'antiquité.

Les mythologies des temps divers avaient été jusque-là un objet de curiosité poétique; elles sont devenues un objet de recherche philosophique et de comparaison traditionnelle.

La fable a eu son côté historique; elle a eu son importance morale jusque dans la folie de ses chimères et dans le scandale de ses orgies.

L'unité a paru même dans l'idolâtrie.

Le monde, tel que nous le connaissons par le christianisme, œuvre merveilleuse et divine, s'est retrouvé, quoique informe et incomplet, dans la tradition obscure et dénaturée du monde ancien.

Ainsi l'*archéologie*, la science monumentale du genre humain, a eu se certitude et sa lumière.

Ainsi la *linguistique* est devenue comme une partie de l'histoire.

Ainsi toutes les sciences, l'astronomie comme la morale, sont entrées dans son domaine philosophique, et par elle sont arrivées à l'unité, en remontant par elle à une origine commune de toutes les notions de l'humanité.

Certes l'histoire ainsi agrandie présente le plus beau spectacle qui puisse être offert à un regard de philosophe; et il faut bien reconnaître que jamais rien de semblable n'eût pu se voir dans aucun système scientifique, en dehors du christianisme.

Toutefois l'histoire n'a pas perdu son caractère propre, qui semble principalement consister dans la conservation des souvenirs publics de chaque société, ou des exemples mémorables que les grands ou les saints personnages ont laissés au monde.

Mais encore alors elle a retenu cette mission supérieure de faire ressortir de la marche des temps et des révolutions qu'ils produisent, un ensemble moral et une pensée d'ordre qui survit à tous les évènemens et plane sur toutes les ruines.

De là une science qui n'est pas nouvelle, mais qui semble principalement avoir été formée pour un âge comme le nôtre, âge de trouble et de doute, où l'harmonie providentielle a besoin d'être montrée aux hommes. Cette science, c'est la philosophie de l'histoire.

Si la philosophie de l'histoire n'était qu'un vague raisonnement sur l'histoire, cette science serait funeste, et même elle ne serait pas une science; elle serait une théorie, non pas même sur les faits, mais à côté des faits de l'histoire.

La philosophie de l'histoire ne voile point le passé; au contraire elle le tient à découvert, avec tous ses évènemens, avec tous ses crimes, avec toutes ses gloires, avec toutes ses erreurs.

Elle suppose donc la connaissance de tout ce qui se rapporte à la vie des nations. Mais cette vie a ses mystères comme la vie de l'homme: et ce sont ces mystères que la philosophie veut éclaircir.

Comment le pourra-t-elle si elle ne monte au-dessus des puissances matérielles qui se disputent la terre par le ravage, par le meurtre, par la destruction ?

Expliquer l'histoire par les résultats de l'histoire, c'est du fatalisme, et un fatalisme désolant et grossier avec lequel il n'y a rien de beau sur la terre, ni la vertu, ni le malheur.

Et puis ce n'est pas là une science : c'est encore, sous d'autres termes, un retour au travail mécanique des compilateurs. Des faits et toujours des faits, et dans cette succession des faits, le succès pour toute raison. N'est-ce pas là de quoi anéantir la raison même ?

Non, telle n'est pas la philosophie de l'histoire; et telle ne la fait pas le christianisme avec sa haute lumière.

Il y a dans la marche de l'humanité quelque chose qui domine les accidens de la force ou du hasard. Et il le faut ainsi, puisque l'humanité est l'ensemble des êtres intelligens jetés sur la terre, et que la force ni le hasard n'est une loi propre de l'intelligence.

Et toutefois l'humanité s'étant primitivement altérée, Dieu l'a soumise, même dans cet ensemble que nous considérons, à une condition fatale d'expiation.

Cette condamnation formidable, vous la voyez partout marquée au front de l'humanité.

Vous la voyez dans les guerres d'extermination et dans les révolutions sanglantes; vous la voyez dans la chute des empires et dans les bouleversemens des cités; vous la voyez enfin dans les mystérieuses calamités qui viennent de loin à loin frapper et meurtrir les races royales, ces images personnifiées de la puissance (δυναμις); et même alors l'expiation a quelque chose de plus manifeste et de plus terrible. Car l'expiation devant se faire par la souffrance, la souffrance même ressemble mieux à un sacrifice dès qu'elle atteint ce qu'il y a de plus haut ou de plus saint parmi les hommes. Voilà pourquoi, sans doute, l'ame humaine se sent plus profondément émue aux désolations des rois; et nul ne se défend de cette émotion, pas même ceux qui servent d'instrument à cette loi de l'expiation et de la douleur; ou bien lorsqu'ils ont rempli leur infernale mission, vous les voyez se traîner long-temps dans la vie sous un coup d'anathème et de malheur, semblables à ces ensevelisseurs de l'antique Egypte qui, après avoir touché les morts, s'enfuyaient au désert poursuivis par la malédiction et le courroux des hommes.

Donc la philosophie de l'histoire, en racontant toutes ces vicissitudes de la gloire et de la douleur, les illumine par une pensée haute qui part du ciel.

La philosophie de l'histoire, c'est, à bien dire, l'intervention de la Providence dans l'humanité. Et sans cela tout reste enseveli dans l'ombre, et l'histoire n'est qu'une succession d'évènemens sans nulle conduite et sans nulle raison; et enfin le génie même n'est qu'un accident fortuit, un météore dans l'air, une flamme qui brille et meurt.

L'histoire ainsi matérialisée ne saurait suffire à l'avidité scientifique des hommes; elle ne pourrait tout au plus que la désespérer.

Aussi la philosophie de l'histoire, née de nos jours, a senti bientôt le besoin de sortir du néant que lui avait fait une certaine doctrine de fatalisme qui, voulant expliquer le monde, se contentait de le prendre, tel qu'il est, comme un fait subordonné à la loi aveugle de la victoire.

Mais encore, pour échapper à cette fatalité dégradante de la force, il n'y a évidemment d'autre asile que le christianisme. Nulle part ailleurs vous ne sauriez trouver la raison de l'histoire.

Et ici, il le faut bien reconnaître, la philosophie de l'histoire se trouvait toute faite, avant même qu'on eût inventé un nom pour la désigner comme science. Et la preuve, c'est que Bossuet, long-temps avant, avait écrit cet ouvrage immortel, ce chef-d'œuvre de la pensée humaine, où il semble qu'on découvre à chaque moment je ne sais quelle trace de la Providence empreinte sur la ruine des empires et des cités.

C'est le Christianisme qui est la véritable philosophie de l'histoire, parce qu'il est la véritable raison de l'humanité.

La philosophie antique avait profondément médité le mystère de l'homme, mais elle n'avait pas entrevu le mystère de la société.

Aussi l'histoire des anciens, racontée d'une manière si dramatique et si pénétrante, n'a pas même un soupçon à laisser échapper sur l'ordre providentiel, où viennent se noyer les catastrophes de toute sorte, et se coordonner les crimes eux-mêmes.

C'est que la raison chrétienne était absente de l'histoire.

Chose merveilleuse à dire! le Christianisme, comme science, est toute la lumière du monde. Il n'est pas seulement une loi morale supérieure à l'humanité, il est encore la raison de l'humanité.

Il n'est pas seulement une manifestation de Dieu; il est encore, en quelque sorte, une manifestation de l'homme.

Ainsi toujours nous revenons au Christianisme, non point par une pensée de système scientifique, mais par une loi de nécessité hors de laquelle toute philosophie expire. Voilà la raison humaine; la voilà complète; la voilà soutenue dans ses faiblesses; la voilà illuminée dans ses efforts de curiosité active; la voilà triomphante de tout le mystère de la société.

Après cela tout l'objet des sciences secondaires va se dérouler.

VIII.

Arrêtons-nous un moment avant de passer outre.

Nous n'avons point voulu faire de système, avons-nous dit, et cependant voici qu'un grand ordre se présente dans l'examen des sciences, tel qu'il est fait sous la lumière féconde du christianisme.

Déjà nous pouvons voir en effet dans notre classification des sciences une certaine loi naturelle qui en explique l'origine et la progression.

Cette loi, la voici.

L'homme reçoit les sciences qui ont pour objet le rapport des êtres; et les sciences, à bien dire, constituent l'intelligence, constituent la société.

Puis méditant sur ces sciences, il les étend par sa puissance propre de réflexion à des objets d'application et d'utilité.

De là deux ordres de notions; celles qui tiennent à l'enseignement ou à la tradition, et celles qui tiennent à la réflexion ou à l'expérience.

Or c'est principalement aux trois sortes de sciences que nous venons d'examiner que se rapporte cette distinction; car ces sciences sont d'abord traditionnelles ou monumentales; puis la raison qui les a reçues, se les rend propres en les pénétrant par sa conception. Tel est le fondement de l'édifice intellectuel de l'humanité.

L'Encyclopédie du XVIIIe siècle disait: *Les sciences sont l'ouvrage de la réflexion et de la lumière naturelle des hommes* (1). L'Encyclopédie devait ainsi parler, voulant exclure Dieu de son système des sciences. Mais aussi elle jetait son système dans les airs; car il est manifeste que la réflexion ne s'exerce que sur un objet déjà connu. Et quant à la lumière naturelle, il est manifeste encore qu'à moins de la confondre avec la religion, ce qui est vrai chrétiennement, elle ne saurait d'elle-même produire les sciences.

La lumière naturelle, dans l'ordre scientifique que nous exposons, tient précisément à cet enseignement naturel des sciences que l'homme ne fait pas, mais qu'il reçoit toutes faites, et qu'ensuite il s'assimile et se rend propres par sa puissance de réflexion.

Et cette double manière d'entendre la constitution généalogique des sciences fait toute la différence d'une encyclopédie matérialiste à une encyclopédie chrétienne. Ceci se voit en quelques mots encore.

Les philosophes disaient: « On peut diviser toutes nos connaissances en directes et en réfléchies. Les directes sont celles que nous recevons immédiatement sans aucune opération de notre volonté, qui, trouvant

(1) Suite de l'Introduction. — Explication du système des connaissances humaines.

ouvertes, si on peut parler ainsi, toutes les portes de notre ame, y entrent sans résistance et sans effort. Les connaissances réfléchies sont celles que l'esprit acquiert en opérant sur les directes, en les unissant et en les combinant. »

Quoi ! n'est-ce pas là notre propre distinction, en des termes différens? Il le semble. Mais les philosophes ajoutent : « TOUTES *nos connaissances directes se réduisent* à celles que nous recevons par les sens; d'où il s'ensuit que c'est à nos sensations que nous devons TOUTES nos idées (1). »

Ici le christianisme disparaît ! Mais tout disparaît, et la philosophie même.

Est-il possible, philosophes ! C'est à nos sensations que nous devons TOUTES nos idées, même l'idée de bien, même l'idée d'équité, même l'idée de devoir, même l'idée de temps, d'espace, d'infini, de perfection ! Quelle chimère !

Écoutons au contraire la grande voix de Bossuet. « D'où me pourrait venir l'impression de la vérité ? Me vient-elle des choses mêmes? Est-ce le soleil qui s'imprime en moi pour faire connaître ce qu'il est, lui que je vois si petit malgré sa grandeur immense ! Que fait-il en moi ce soleil si grand et si vaste, par le prodigieux épanchement de ses rayons ? Que fait-il que d'exciter dans mes nerfs quelque léger tremblement, d'imprimer quelque petite marque dans mon cerveau? N'ai-je pas vu que la sensation qui s'élève ensuite ne me représente rien de ce qui se fait ni dans le soleil ni dans mes organes? Et que si j'entends que le soleil est si grand, que ses rayons sont si vifs, et traversent en moins d'un clin d'œil un espace immense, je vois ces vérités dans mes lumières intérieures, c'est-à-dire dans ma raison, par laquelle je juge et des sens, et de mes organes et de leurs objets (2). »

Ainsi parle le grand homme. Et puis disons avec lui que les sensations, ou plutôt les sens, sont un moyen naturel de communication que Dieu a donné à l'homme pour recevoir sa connaissance ; et de la sorte l'origine des sciences directes est enfin bien comprise. L'homme les reçoit en effet *par toutes les portes de son ame,* et c'est l'enseignement qui les dépose en nous, *sans aucune opération de notre volonté.* Ainsi encore les sensations gardent leur office, dans la destination naturelle de l'homme que Dieu n'a pas fait un pur esprit ; et cet office n'est pas de produire les idées et TOUTES les idées, mais de servir d'instrument à leur transmission, et sans doute aussi à leur développement.

Ainsi enfin la nature intelligente de l'homme est gardée intacte, et si les

(1) Introduction de d'Alembert.

(2) De la connaissance de Dieu et de soi-même.

sens lui sont un instrument de connaissance, la raison lui est un moyen de réflexion sur la connaissance même.

Avec cette interprétation chrétienne la distinction des sciences directes et réfléchies, présentée par M. d'Alembert, eût pu servir de base à tous les travaux de la philosophie. Mais observons que c'est surtout dans notre nomenclature scientifique qu'elle trouve ses applications.

Dans le premier ordre de sciences en effet, dans celles qui ont pour objet l'homme, la société, l'humanité, la transmission traditionnelle des idées est plus sensible; car là se trouvent précisement indiqués et saisis les rapports des êtres, et ces rapports, parce qu'il sont nécessaires, dérivent, comme science, d'un enseignement qui les fait connaître.

Dans le deuxième ordre au contraire il semble que la réflexion a comme une puissance de création, qui fait la science humaine. C'est que dans cet ordre de connaissances, la raison découvre son objet, ou sa vérité relative, par l'étude, et par l'examen.

Et toutefois les deux principes d'autorité et de réflexion se trouvent combinés dans les deux ordres de sciences que nous avons marqués, mais avec une action diverse.

Dans la science de l'homme et de l'humanité, l'autorité est plus entière. Dans la science des applications la réflexion est plus indépendante. Puis dans la première la raison intervient comme instrument de développement, dans la seconde l'autorité se montre comme instrument de certitude.

De sorte que l'autorité et la raison marchent de concert dans ce travail constitutif de la science, afin que la liberté de l'homme apparaisse jusque dans les conditions intellectuelles où il semble que la raison a le plus besoin de rester soumise.

Ces observations étaient nécessaires pou servir de transition au deuxième ordre de sciences que nous avons à résumer en très peu de mots.

IX.

L'homme, sorti des mains de Dieu avec sa plénitude d'intelligence, commença dès la création le cours de cette partie de la science humaine qui se forme par la réflexion.

Tout doit faire penser qu'à ce moment l'activité morale de l'homme fut d'autant plus énergique qu'elle fut soudaine et spontanée. Et sans doute aussi de merveilleuses illuminations lui vinrent de Dieu même sur une multitude d'objets dont la connaissance, nécessaire à sa conservation, lui eût été impossible si elle ne lui fût venue comme une révélation.

Cette condition primitive de la science se retrouve dans la succession des temps, et l'on peut dire qu'une révélation scientifique se perpétue pour l'homme au moyen de la société qui le forme et l'instruit.

Ainsi l'homme est créé philosophiquement par la société, et c'est d'elle qu'il reçoit, *sans aucune opération de sa volonté*, et quelquefois contre sa volonté même, cet ensemble de notions premières qui d'abord lui arrivent soit par une illumination intérieure, soit par une communication du ciel, et qu'ensuite il a été chargé de transmettre d'âge en âge par la parole pour la perpétuité de la création, aussi bien que de la raison humaine.

Donc c'est cet homme ainsi créé par Dieu primitivement, et ainsi fait par la société dans le cours des siècles, que nous considérons comme sujet philosophique, agissant sur soi par la réflexion, et se produisant au dehors par des actes d'intelligence.

Que veut de plus la philosophie? Elle cherche, vaine qu'elle est, si l'homme ne s'est pas fait lui-même intelligent par sa puissance propre, ou par je ne sais quel concours de nécessités heureuses ou de besoins inspirateurs. (1).

Mais pour peu que la philosophie tînt compte de l'expérience et de tous les faits de la vie, elle verrait bien qu'il y a une science première et antérieure à la réflexion, que cette science est transmise et reçue, que la réflexion la féconde sans nul doute, mais qu'elle ne la crée pas et qu'elle ne la créerait jamais, puisque la réflexion même ne se conçoit que comme un exercice de la raison sur des notions déjà réalisées dans l'esprit.

Ainsi donc, partons toujours de cette loi qui fait de l'intelligence humaine une œuvre de la création, perpétuée, quoique trop souvent altérée, par la tradition de la société.

Trouvant l'homme ainsi formé par le souvenir (2), nous cherchons quel est l'objet scientifique sur lequel se repliera le plus naturellement sa pensée; et cet objet c'est lui-même (3).

(1) D'Alembert énumère ces besoins et il conclut : « Il est donc évident que les notions purement intellectuelles du vice et de la vertu, le principe et la nécessité des lois, la spiritualité de l'ame, l'existence de Dieu et nos devoirs envers lui, en un mot les vérités dont nous avons le besoin le plus prompt et le plus indispensable, sont le fruit des premières idées réfléchies que nos sensations occasionent. » [Intr.] Voilà ce que les philosophes non chrétiens ont répété depuis cent ans, eux qui voient comment l'homme est pris dans son berceau par la société pour être conduit à ces notions, auxquelles il ne pense guère que lorsqu'il les a acceptées. O philosophie!

(2) Scire est meminisse, dit Cicéron. Platon l'avait dit de même, mais dans un sens mystique de migration des esprits.

(3) D'Alembert le dit comme nous, mais, suivant son système, en restreignant l'homme à son corps : « De tous les objets qui nous affectent par leur présence, notre propre corps est celui dont l'existence nous frappe le plus, parce qu'elle nous appartient plus intimement. » La pensée nous appartient plus intimement encore, philosophe!

Mais nous disons *lui-même*, être complet et développé, c'est-à-dire capable de réflexion; car réflexion suppose développement.

Par la même raison, cet examen de l'homme n'est point un examen de dissection ou d'analyse; l'homme se voit et s'étudie d'abord dans la plénitude de son être. De là une science particulière qui, tenant l'existence humaine constamment attachée au créateur, marque les lois supérieures auxquelles elle a été subordonnée dans l'ordre des créatures intelligentes.

Cette science est la *physiologie*. Elle s'exerce diversement soit sur l'organisation du corps, soit sur les facultés de l'ame, soit sur la mystérieuse harmonie de ces deux substances de nature contraire, dont l'union constitue l'être humain.

Mais la physiologie n'a son caractère réel de science que dans cet ensemble d'aperçus où l'homme se voit comme une *intelligence servie par des organes* (1); Platon avait dit: *comme un esprit à qui un corps obéit* (2); et Bossuet: *comme une substance intelligente née pour vivre dans un corps* (3). Qu'elle ne voie que l'intelligence, et elle sort de l'humanité. Qu'elle ne voie que les organes, et elle meurt dans la poussière et le néant.

D'après le sublime récit de la Genèse, Dieu forma le corps premièrement, il est vrai. Mais de ce corps il n'eût pas fait un homme, s'il ne l'eût animé de son souffle. Et aussi parce que l'homme a reçu ce souffle, il est la première des créatures qui peuplent l'immensité.

C'est l'intelligence qui est le caractère intime de l'être humain. Le corps en est la forme extérieure.

Par l'organisme l'homme touche à la terre; par l'intelligence il touche au ciel.

C'est donc dégrader l'œuvre divine que de considérer l'homme exclusivement dans ses organes, et c'est l'étudier sans philosophie que d'isoler des organes l'intelligence dont il est l'instrument.

D'une part on arrive au matérialisme et à ses ténèbres; de l'autre à une spiritualité rêveuse et chimérique.

La physiologie chrétienne a d'admirables clartés pour illuminer tout cet ensemble de création; et sans de telles lumières, qu'est-ce que la science?

La science! mais ce mot de science même est un mensonge.

Faudrait-il ici redire tout ce qu'il y a d'ignorance dans ces études de l'homme faites à la loupe et au scalpel, études lentes et laborieuses, au

(1) M. de Bonald.

(2) Alcibiade.

(3) De la connaissance de Dieu et de soi-même. Chap. IV, 1.

bout desquelles le philosophe jette de loin en loin quelque théorie qui n'aura qu'un jour, et bientôt sera un objet de dédain et de risée?

Au moins la science est plus naïve lorsqu'au lieu de système elle laisse échapper un cri d'impuissance.

« Nous autres anatomistes, disait un naturaliste du dernier siècle (1), nous sommes comme les crocheteurs de Paris, qui en connaissent toutes les rues jusqu'aux plus petites et aux plus écartées, mais qui ne savent pas ce qui se passe dans les maisons. »

Et Bonnet, un autre savant, ajoute à ce sujet: « Cet habile homme avait raison: l'anatomiste voit des vaisseaux, des nerfs, des glandes, des muscles, des viscères, etc., et il ne sait pas seulement comment est faite une simple fibre. A force de recherches et d'expériences, il parvient à s'assurer de l'existence d'une puissance invisible qui anime tout le système musculaire; il nomme cette puissance l'*irritabilité;* il sait que c'est par elle que la fibre musculaire se contracte, et c'est là tout ce qu'il en connaît de certain. Il ignore donc aussi profondément ce que cette puissance est en soi, que l'astronome ignore ce que l'attraction est en elle-même. Demandez au plus savant des anatomistes s'il sait précisément comment s'opèrent les sécrétions; comment sont faits les organes qui les exécutent; comment se forme un globule de sang, une goutte de bile, de lait ou de lymphe. Si cet anatomiste est aussi modeste que savant, il répondra par un *je n'en sais rien*.... Et que dirai-je du plus profond de tous les mystères que renferme la création terrestre, l'union de l'ame et du corps? que savons-nous de certain sur cette union si étonnante (2)!... »

Donc une double obscurité trouble la science, dès qu'elle songe à analyser soit l'organisation, soit la pensée humaine, au lieu d'embrasser ce bel ensemble qu'on appelle l'homme sous la lumière de la révélation.

Ceci, c'est d'Alembert qui le proclame en tête de l'Encyclopédie du XVIIIe siècle: « La nature de l'homme dont l'étude est si recommandée par Socrate, est un mystère impénétrable à l'homme même, quand il n'est éclairé que par la raison seule (3). » Et plus bas: « Rien ne nous est donc plus nécessaire qu'une religion révélée. Destinée à servir de supplément à la connaissance naturelle, elle nous montre une partie de ce qui était caché pour nous. A la faveur des lumières qu'elle a communiquées au monde, le peuple même est plus ferme et plus décidé sur un grand nombre de questions intéressantes que ne l'ont été les sectes des philosophes. »

Que nous servirait, après cela, de recueillir tous les aveux de désolation et de misère qui ont échappé de même à d'autres philosophes?

(1) Méry. — Éloges des académiciens par Fontenelle.
(2) Palingénésie philosophique, tom. II.
(3) Intr.

Le sensualisme, avons-nous dit, a ses mystères, et l'illuminisme a les siens.

La raison pure est impuissante, comme la science expérimentale. L'être humain échappe à la théorie du philosophe, comme à la dissection de l'anatomiste, et de toute nécessité il faut se réfugier dans la science chrétienne, laquelle sans doute ne nous découvre pas des secrets que Dieu a gardés pour lui, mais au moins nous donne la raison même de l'ignorance, ce qui est sur la terre une sorte de science supérieure à toutes les autres.

Or la science chrétienne ne se borne pas à cette contemplation du mystère de l'homme, pour en faire un pur mysticisme. Tout au contraire est pratique dans cette science. Elle va droit à la connaissance des fonctions vitales. Elle saisit l'action de l'organisme sur la pensée. Elle prend l'homme pour ce qu'il est enfin, matière et intelligence; et tel qu'il est il lui suffit pour la jeter d'étonnement aux pieds de l'être puissant qui l'a créé. Telle est la science sous la plume merveilleuse de Bossuet traitant de la connaissance de Dieu et de soi-même; telle dans l'admirable anatomie de Haller, ou dans les travaux méthodiques de Bonnet, ou dans les écrits ingénieux de Bordeu, ou enfin dans la savante et poétique physiologie de Bérard.

Mais remarquez que ce grand caractère de la science sous des plumes religieuses ne lui vient que de cette certitude et de cette lumière des notions premières sur l'homme, sur sa destination dans la vie, sur sa déchéance primitive, et sur la loi fatale qui l'a dévoué aux misères et à la souffrance.

La science a son allure libre et grande, quand une fois elle a saisi le nœud qui l'attache au ciel.

Rassurée sur certaines notions qui sans une illumination surhumaine ne lui seraient qu'un objet de doute et de théorie incertaine, elle est hardie dans ses recherches, et elle pénètre plus avant dans l'homme, parce qu'elle sait le chemin des découvertes.

Ici nous n'avons pas à proposer nos propres idées sur ce mystère de l'homme, ce premier objet de réflexion humaine. Qu'il nous suffise de dire que le christianisme se prête à tous les raffinemens et à toutes les subtilités de l'intelligence se repliant sur elle-même pour se connaître.

Le christianisme ne saurait redouter aucune vérité nouvelle; car il recèle en lui toutes les vérités, et même celles qui nous sont encore voilées de nuages. Ainsi, philosophes, étudiez l'homme, sondez sa nature, pénétrez dans le mystère de son ame et de son corps, fouillez son cerveau, analysez la ténuité de ses fibres, touchez la délicatesse infinie de ses nerfs, connaissez la nature intime de ses sensations, si promptes et si mobiles, si puissantes et si fugitives. Epuisez-vous de labeur pour découvrir quelque rayon inconnu qui vienne éclairer toute cette physiologie humaine dont nul génie d'homme n'a su le secret. Le christianisme vous applaudit. Le christianisme aime cet effort de la pensée s'en allant à la découverte de la nature; car chaque travail de la science est un hommage au créateur; il est un retour vers la création même; il est enfin une manifestation de ce besoin infini de connaître, qui est tout le fond de l'homme et tout l'indice de sa destination dans un monde plus resplendissant de lumière et de vérité.

X.

Dans l'ordre le plus naturel des sciences de réflexion, nous ne parlons pas de leur généalogie pratique, mais de leur méthode rationnelle; dans cet ordre, disons-nous, le premier objet de l'étude, c'est l'homme, et le second, c'est la nature.

L'homme créé ou développé se voit, et puis il voit les êtres qui l'entourent; il se cherche d'abord, et puis il cherche le reste de la création. Telle est ou telle doit être la marche philosophique de la science. Elle peut en suivre une autre; car la science est emportée capricieusement selon les impressions de chaque intelligence ou la mobilité de chaque penchant; mais si nous concevons l'homme comme affranchi de tout caprice intellectuel, comme pleinement libre dans le mouvement de sa curiosité, comme obéissant simplement à un besoin de connaître qui ne soit dominé par aucun accident extérieur, cet homme sans nul doute suivra l'ordre de recherche que nous indiquons.

Et remarquons que par cet ordre même l'intelligence reçoit sa fécondation et son énergie, et que cette double connaissance de soi et de la nature est le double élément de vitalité pour l'esprit humain, à quelque objet qu'il veuille appliquer ensuite l'exercice de sa puissance de réflexion.

C'est donc par un étrange renversement des lois de l'humanité que la science de la nature a pu devenir quelquefois une altération même de l'intelligence.

C'est qu'alors apparemment la science de la nature sortait du principe qui fait la grande unité de l'ordre humain.

La science de la nature doit constituer logiquement cette unité, ou bien elle est un désordre.

Si par exemple elle aspire à se créer et à se développer en dehors de la puissance qui a fait la nature même, n'est-il pas manifeste qu'elle perpétue la première révolte qui l'a soumise dès le commencement à l'expiation des labeurs et de l'ignorance.

Ne craignons pas de le trop redire ; l'ignorance est dans la science, comme une affreuse punition, toutes les fois que la science ne se conforme pas aux lois naturelles que Dieu lui a faites comme une condition de développement.

Cette fois encore c'est l'ancienne Encyclopédie qui va proclamer pour nous cette vérité qui sous notre plume ressemblerait trop à un anathème contre la science.

« Nous remarquons, disait d'Alembert, deux limites où se trouvent, pour ainsi dire, concentrées presque toutes les connaissances certaines accordées à nos lumières naturelles. L'une de ces limites, celle d'où nous sommes partis, est l'idée de nous-même, qui conduit à celle de l'être tout-puissant et de nos principaux devoirs. » — Laissons dire d'Alembert qui continue d'exposer son système des sensations ! — « L'autre est cette partie des mathématiques qui a pour objet les propriétés générales des corps, de l'étendue et de la grandeur. Entre ces deux termes est un intervalle immense, où l'intelligence suprême semble avoir voulu se jouer de la curiosité humaine, tant par les nuages qu'elle y a répandus sans nombre, que par quelques traits de lumière qui semblent s'échapper de distance en distance pour nous attirer. On pourrait comparer l'univers à certains ouvrages d'une obscurité sublime, dont les auteurs, en s'abaissant quelquefois à la portée de celui qui les lit, cherchent à lui persuader qu'il entend tout à peu près. Heureux donc, si nous nous engageons dans ce labyrinthe, de ne point quitter la véritable route ; autrement les éclairs destinés à nous y conduire ne serviraient souvent qu'à nous en écarter davantage. »

Sage et docte parole qui revient à celle que nous prononcions tout à l'heure. La science de la nature suppose en effet la notion première des lois de l'humanité, notion qui ne se trouve pas enfouie dans les secrets de la terre et du ciel, mais qui se perpétue dans l'intelligence d'une façon indépendante de la progression des découvertes.

Nous disons mieux. Toutes les découvertes qui tiennent aux sciences naturelles, pour peu qu'elles aient de vérité, viennent de près ou de loin confirmer cette notion.

De nos jours la science de la nature, appliquée à mille objets divers, à la physique proprement dite, qui est la connaissance des lois et des propriétés générales des corps, à la chimie qui est la connaissance des lois particulières de leur composition, à la zoologie, à la minéralogie, à la botanique, qui ont pour objet des ordres divers d'êtres créés ; la science, ainsi divisée en mille rameaux, a perdu de vue ce grand ensemble de la nature, pour ne s'exercer qu'à des détails d'expérience, et à des nomenclatures techniques.

Par cette distribution du travail de curiosité fait sur la création, la science, il le faut dire, a gagné en précision, en exactitude, en étendue peut-être.

Mais elle est restée comme un corps inanimé, dont les membres ont été çà et là dispersés. La science ne peut ainsi vivre comme science. Elle a besoin d'être ravivée par un génie qui rassemble ces grandes idées et en pénètre l'unité. Il lui faut ce *mens divinior*, cette ame fécondante dont parle le poète; et alors elle mérite son nom de science, parce qu'elle embrasse le système des êtres et qu'elle suit la loi universelle de leur conservation et de leur harmonie.

Toutefois la science de la nature n'est pas une vaine cosmologie. Dans la première impression des magnificences de la création, les hommes ne purent qu'imaginer des théories sur l'ordre du monde. La poésie, une poésie d'exaltation et d'amour, était toute la philosophie : non point que les sciences naturelles fussent alors sans réalité; il est assez démontré présentement que les lois générales de la physique, et même la plupart des découvertes que nous tenons pour récentes, étaient connues de l'antiquité la plus haute (1). Mais dans ces ames tout émues du souvenir plus rapproché de la création, cette connaissance n'allait pas à créer un système du monde purement rationnel. L'enthousiasme planait au-dessus de cette région de faits et d'espérances, où viennent s'abattre les âges sans inspiration et sans foi. De là les rêveries mêlées à la vérité. De là des cosmogonies chimériques pour toute science.

La science moderne a donc son avantage, si avec la précision technique de ses découvertes elle trouve ce génie d'ensemble et d'harmonie, qui a manqué à la philosophie antique, à cause de son penchant naturel à l'exaltation.

Le christianisme est ce génie; car sans exclure l'enthousiasme il appelle la raison, et c'est la raison qui est le fondement réel des théories.

Le christianisme d'ailleurs est nécessaire aux sciences naturelles, pour peu qu'elles veuillent sortir de l'ordre stérile des faits isolés.

Il est sans doute des sciences précises, comme la chimie, ou la minéralogie, ou toute autre ayant pour but des classifications d'élémens, qui ne se prêtent pas, ce semble, à ce travail d'harmonie qui embrasse toute la nature; mais le christianisme les y ramène par sa puissance de déduction.

(1) Origine des découvertes attribuées aux modernes, etc., par Dutens, de la Société royale de Londres. 4e édition.

Et ne faut-il pas après tout que le savant sorte de son laboratoire pour s'accoutumer à rattacher ses expériences et ses découvertes à tout l'ensemble de la science humaine? Et sans cela qui ne voit que, chaque science ayant un objet propre, le génie scientifique serait réduit à des proportions bornées? Peu s'en faudrait, à bien dire, que la science ainsi envisagée n'abaissât la pensée de l'homme au lieu de l'agrandir. Toujours est-il qu'elle ferait disparaître cette magnifique universalité qui fut le caractère des grands génies, depuis Aristote jusqu'à Cuvier, et qu'au lieu de nous produire des observateurs et des philosophes, elle ne nous produirait bientôt plus que des manipulateurs et des ouvriers.

Ajoutons qu'il est des sciences que l'expérience même jetterait aux derniers confins du doute, si le christianisme ne leur envoyait un rayon de sa lumière; telle a été de nos jours la géologie, une science née au milieu de tous les progrès modernes, et qui déjà sans la religion s'en allait à toutes les chimères de l'ancienne cosmologie.

Que n'a-t-on pas en effet demandé à la géologie pour avoir des titres contre l'histoire du monde et même contre l'histoire des sciences? On voulait que la terre recélât des monumens qui pussent s'élever comme témoins accusateurs contre les monumens qui peuplent sa surface. On a donc remué les entrailles de la terre; on a fouillé ses cavernes profondes; et des débris antiques que la terre y avait cachés, on a fait je ne sais quoi de monstrueux, un immense cadavre ranimé qu'on a fait parler contre Dieu.

Après tout que voulait-on? Se passer de la création et de la Genèse! C'est bien; mais on ne faisait pas une science; on ne faisait pas une origine; on ne faisait pas un monde; on restait perdu dans un vide immense, affreux, désolant. Puis les uns jetaient une limite, et les autres en jetaient une autre; les uns à quinze mille ans, les autres à quarante mille (1). Quelle était la fin possible de ces obscurités?

Le christianisme est la lumière de la géologie, comme il l'est de toutes les sciences philosophiques.

Nous avons vu cet homme dont le nom nous est une autorité (2), confirmer cette vérité par d'immenses découvertes. Nous l'avons vu, se souvenant de l'histoire du monde, telle que le christianisme l'a faite, se mettre à son tour à fouiller la terre, et s'emparer de toute cette science informe que des esprits préoccupés poussaient dès son début aux ténèbres et aux rêveries. Et enfin c'est lui qui a fait la géologie, comme il avait fait l'anatomie comparée, deux sciences mystérieuses au fond desquelles la pure expérimentation n'avait précédemment entrevu que des chimères.

(1) Cuvier. — Discours sur les révolutions, etc., pag. 282.

(2) M. Cuvier.

Mais quelle est la conclusion de tous ses travaux? quelle est la fin de cette investigation merveilleuse qui l'a rendu maître de toute l'ancienne organisation cachée dans les ruines du globe?

Cette conclusion, c'est que l'homme est récent dans la création; c'est que nul débris humain ne se trouve parmi les ravages des révolutions antérieures à celle qui a mis la terre dans son état présent; c'est que cette révolution est récente elle-même; c'est enfin que la science qui n'admet pas ces faits constatés n'est pas même une science (1).

Voilà donc comment la géologie a pris son rang dans la grande harmonie des sciences naturelles; pour n'y point porter le chaos, elle a dû se faire chrétienne.

N'en serait-il pas de même de la géographie? On peut aussi faire de la géographie une science bornée à de simples faits extérieurs, en la réduisant à n'être que la mesure de la terre ou la description de sa surface; mais la science prend un autre caractère, dès qu'elle devient l'histoire même des races humaines ou vivantes qui peuplent le globe.

Et ainsi la géographie entre dans l'ordre des sciences produites par la réflexion, en ce que la raison la coordonne, comme science technique et matérielle, au système général du monde.

Toutes les sciences ayant la nature pour objet y sont également rattachées, et nulle exception ne saurait être faite à cette loi.

Donc c'est une puissance féconde et lumineuse que celle du christianisme, à la considérer simplement par rapport à l'ensemble des sciences naturelles; car elle met la clarté et l'ordre là où les découvertes scientifiques portent souvent la confusion et l'obscurité.

Et certes cette puissance est nécessaire à la science même; car si la science n'est qu'un fait surpris dans les ténèbres de la nature, qu'est-ce que ce fait? Un fait sans induction, sans réflexion, sans connexion avec d'autres faits antérieurs! Ce fait ne se perd-il pas bientôt comme un atome? La loi du monde moral comme du monde physique, c'est l'unité; et les sciences en flottant dans les théories, en s'emprisonnant dans les nomenclatures, ne satisferaient jamais la raison humaine si elles ne rattachaient leurs découvertes à cette loi d'harmonie universelle qui, bien entendue de l'homme, réalise pour lui la plénitude de la science.

XI.

Mais voici des sciences où la réflexion domine, ce semble, d'une façon

(1) Discours sur les Révolutions, etc., *passim*.

plus indépendante et plus souveraine; car ici elle ne trouve pas les faits, elle les produit en quelque sorte.

Nous parlons des sciences physico-mathématiques. Cette sorte de sciences avance plus profondément dans la nature que les sciences naturelles proprement dites.

Les sciences naturelles observent les faits extérieurs de la création; les sciences physico-mathématiques déterminent les lois ou les forces auxquelles ces faits sont rigoureusement soumis. Et ces lois ou ces forces, déterminées avec précision par le calcul, deviennent des faits nouveaux, réalisés par la puissance de conception qui est propre à l'esprit de l'homme.

Il faut le dire, il y a ici quelque chose d'admirable et qui ressemble à une création.

C'est pourquoi peut-être les hommes qui ont si savamment cultivé les sciences, ont été les plus exposés au péril de l'orgueil; car ils se sont faits dieux, et ayant trouvé les lois mécaniques de l'ordre universel, ils ont oublié le Dieu véritable qui est l'auteur de ces lois et qui les maintient.

Mais quelle que soit la puissance de réflexion qui se révèle en de telles découvertes, il faut remarquer toutefois que la science mathématique revient à la science des faits observables, puisque les lois auxquelles elle se soumet se déduisent d'une expérience plus ou moins longue sur la manière même dont ils sont produits.

Ainsi l'astronomie, qui est la science mathématique appliquée à son objet le plus étendu, à la mesure du temps, du mouvement et de l'espace, l'astronomie n'a pu naître que d'une étude long-temps répétée des phénomènes qui animent l'immensité.

Que d'observations inscrites sur les *tables* du genre humain, avant d'arriver à la loi simple de l'attraction! Et encore qu'est-ce que l'attraction, sinon un fait constaté?

Les anciens soupçonnaient qu'il ne faudrait que du temps pour connaître exactement les lois mécaniques qui régissent le monde. « Il viendra un temps, dit Sénèque parlant de l'apparition des comètes, où la postérité s'étonnera que nous ayons ignoré des choses devenues évidentes pour elle (1). »

Et même pour eux le temps avait assez marché pour leur indiquer les lois fondamentales de la physique mathématique.

Aristote avait déjà soupçonné, sinon précisé, la loi générale de la pesanteur.

Lucrèce explique très nettement, et presque dans les termes de Galilée, la cause de la chute des corps et de leur vitesse inégale.

(1) Sen., Natur. quæst.

La gravitation universelle n'était point inconnue aux philosophes, et ils expliquaient le mouvement des planètes dans leur ordre, d'après une double force de pesanteur et de projection qui détermine le mouvement curviligne.

Ils savaient, sans l'expliquer comme la physique moderne, l'inégalité du cours des planètes, et ils exprimaient en d'autres termes *la loi de la raison inverse du carré de la distance au centre de révolution.*

Plutarque a merveilleusement résumé ces généralités de la physique ancienne.

Quelle différence donc y a-t-il réellement entre le génie ancien et le génie moderne? La différence du temps, de laquelle résulte la différence des expériences ou des faits constatés.

Car il ne faut pas penser que ce soit le génie humain qui ait en soi une loi propre de progression, qui le fait *graviter* vers la lumière infinie ou la perfection. C'est là une chimère de vanité!

Le génie humain avait toute son énergie il y a trois mille ans, et s'il s'agissait de faire des comparaisons d'hommes, nous ne trouverions aucun esprit moderne plus fécond que celui de Platon, ou plus étendu que celui d'Aristote, ou plus créateur que celui d'Archimède. Seulement la nature ayant successivement laissé tomber quelqu'un de ses voiles, ou bien les arts même ayant ajouté progressivement des moyens nouveaux d'expérimentation et de découverte, puis le cours des âges ramenant des faits généraux à des temps réglés, les lois mécaniques du monde ont pu être saisies avec une précision toujours croissante; de là une science mieux faite, et plus exacte; de là une supériorité manifeste sur les siècles écoulés, et qui peut-être deviendra pour l'avenir une infériorité relative, semblable à celle dont parlait Sénèque: *la postérité ayant toujours à s'étonner que les âges précédens aient ignoré des choses devenues évidentes.*

Voici donc que, même dans cette science qui semble être le domaine propre de l'homme, le mot d'ignorance pourrait bien revenir encore, comme un mot très philosophique.

Et comment ne reviendrait-il pas? La science des forces ou des lois physiques ne sait pas même ce qu'est une force.

Elle jette des jalons dans l'étendue pour la mesurer, et elle ne sait pas ce qu'est l'étendue.

Elle marque les lois du mouvement, et elle ne sait pas ce qu'est le mouvement.

Elle sait les lois de la pesanteur, et elle ne sait pas ce qu'est la pesanteur.

La science s'arrête aux pieds d'un atome, comme aux bords d'un mystère. Elle divise la matière à l'infini, par la pensée du moins, et l'infini de la matière lui est un abîme.

Et ce n'est point assez de cette obscurité qui enveloppe jusqu'aux lois générales et fondamentales de la science. La certitude rationnelle, philosophique ou systématique de ces lois devient bientôt une difficulté de plus.

« Il faut AVOUER, dit d'Alembert, que comme toutes les parties des mathématiques n'ont pas un objet également simple, aussi la certitude proprement dite, celle qui est fondée sur des principes nécessairement vrais et évidens par eux-mêmes, n'appartient ni également ni de la même manière à toutes les parties. Plusieurs d'entre elles, appuyées sur des principes, c'est-à-dire, sur des vérités d'expérience ou de simples hypothèses, n'ont, pour ainsi dire, qu'une certitude d'expérience ou même de pure supposition. »

Pure supposition! mot étrange lorsqu'il s'agit de certitude. Passons outre toutefois; peut-être un rayon de lumière va-t-il tomber des cieux au philosophe.

« Les notions les plus abstraites, ajoute-t-il, sont souvent celles qui portent avec elles une plus grande lumière; l'obscurité s'empare de nos idées à mesure que nous examinons dans un objet plus de propriétés sensibles. L'impénétrabilité, ajoutée à l'idée de l'étendue, semble ne nous offrir qu'un mystère de plus; la nature du mouvement est une énigme pour les philosophes; le principe métaphysique des lois de la percussion ne leur est pas moins caché; en un mot, plus ils approfondissent l'idée qu'ils se forment de la matière et des propriétés qui la représentent, plus cette idée s'obscurcit et paraît vouloir leur échapper. On ne peut donc s'empêcher de convenir que l'esprit n'est pas satisfait au même degré par toutes les connaissances mathématiques; allons plus loin, et examinons sans prévention à quoi les connaissances se réduisent. Envisagées d'un premier coup d'œil, elles sont sans doute en fort grand nombre, et même en quelque sorte inépuisables; mais lorsqu'après les avoir accumulées, on en fait le dénombrement philosophique, on s'aperçoit qu'on est en effet beaucoup moins riche qu'on ne croyait l'être..... Qu'est-ce que la plupart de ces axiomes dont la géométrie est si orgueilleuse, si ce n'est l'expression d'une même idée simple par deux signes ou mots différens..... Il en est de même des vérités physiques et des propriétés des corps dont nous apercevons la liaison. Toutes ces propriétés bien rapprochées ne nous offrent, à proprement parler, qu'une connaissance simple et unique. Si d'autres, en plus grand nombre, sont détachées pour nous et forment des vérités différentes, c'est à la faiblesse de nos lumières que nous devons ce triste avantage; et l'on peut dire que notre abondance à cet égard est l'effet de notre indigence même......... L'univers, pour qui saurait l'embrasser d'un seul point de vue, ne serait, s'il est permis de le dire, qu'un fait unique et une grande vérité (1). »

Eh! oui, philosophe, il en est ainsi. Mais où trouver cette magnifique concentration du monde, si ce n'est en celui qui l'a créé et lui a fait ces lois d'ordre auxquelles s'exerce le génie de la science humaine?

Il manquait peu de chose, ce semble, à l'esprit mathématique de D'Alembert, pour arriver par les lois physiques du monde à la loi centrale du christianisme. Comment ne s'est-il pas retourné vers ce principe de certitude scientifique? C'est que la préoccupation était grande dans son esprit comme dans celui de ces philosophes qui avaient besoin de se créer des systèmes sur la nature en dehors de la pensée de Dieu, auteur et conservateur de ces lois.

Toutefois il est temps de le dire ici : quelques-uns d'entre eux ne songeaient peut-être pas à faire de la science une révolte ouverte, et nous avons vu que D'Alembert, au milieu des obscurités qui entourent l'homme, se retournait au moins vers la révélation!

Il appartenait à une génération plus mauvaise de faire de la science une guerre systématique contre la Divinité. Nous avons vu dans ce siècle le prodigieux effort de cette rébellion. Il ne devait aboutir qu'à de monstrueuses chimères, pires cent fois que les absurdités mystérieuses de l'astrologie.

Ce qui se conçoit à peine, c'est que la philosophie incrédule se soit réfugiée dans les abîmes du firmament pour échapper à la pensée du créateur.

Le *système du monde* devrait être un hymne d'adoration et d'amour. On en a fait la dernière expression du *calcul des probabilités*, sorte de hasard mathématique où la raison de l'athée va s'abattre, toute exténuée de ses doutes.

Puis une fois égarée par cette chimère du possible dans l'impossible, la science l'a poursuivie dans tous ses rêves.

Notre objet ne saurait être de reproduire l'histoire des opinions que le siècle présent a vues naître et déjà mourir depuis la grande expédition d'Égypte. M. Cuvier a résumé toutes ces théories plus savamment qu'il ne nous serait donné de le faire, et il a montré combien était aveugle la philosophie qui à toute force voulait tirer de l'astronomie et de ses monumens des inductions contre les récits historiques, non seulement de Moïse, mais de tous les historiens du monde.

Et chose toujours à remarquer! Il ne suffisait pas à ces théories d'être contradictoires à la tradition primitive du christianisme; elles devaient

(1) Introd. à l'Encyclopédie.

aussi être contradictoires à la science même; et aussi nous les avons vues tomber tour à tour, tantôt devant une dissertation archéologique de M. Champollion, tantôt devant une induction précise de M. de Paravey, tantôt devant une démonstration savante de M. Biot, tantôt devant une simple traduction d'un mot grec par M. Letronne, tantôt devant un rétablissement chronologique par M. Halma; de sorte que les immenses périodes des siècles où le monde devait s'enfouir, selon le système de Dupuis, ont disparu comme une rêverie, et que ces antiquités de seize mille ans, de vingt mille ans, de quarante mille ans, sont devenues des époques contemporaines à Trajan, à Tibère, à Auguste, ou du moins sont restées de beaucoup en deçà de la limite certaine et connue des apparitions de l'homme sur le globe (1).

Mais la science ne s'est pas toujours perdue en de telles rêveries. Elle a repris son caractère naturel de précision dès qu'elle a simplement appliqué ses calculs à la détermination des forces ou des lois physiques, et alors elle est devenue toute nouvelle dans ses formes, et comme une conquête réelle de l'esprit humain sur la nature elle-même.

Le penchant de l'homme à réduire la connaissance du monde en formules numériques n'est pas propre aux temps modernes. On en voit la première trace dans la philosophie ancienne, et si nous apercevons de l'obscurité et du mystère dans les systèmes qu'elles nous ont transmis (2), c'est que peut-être le sens mathématique de leurs *nombres* a échappé à l'intelligence humaine; car chaque science a sa langue; la langue des formules n'est pas sans doute la moins pénible à saisir, et la moins difficile à perpétuer; et qui sait si, après avoir traversé les révolutions de l'avenir, le *Binôme* de Newton n'est pas condamné à passer quelque jour pour une sorte d'hiéroglyphe, ou de symbole mystérieux.

Les nombres de Pythagore ne nous sont pas manifestes; mais ils attestent l'antiquité de la science qui a pour objet de réduire en lois numériques l'harmonie du monde.

Cette science est présentement arrivée à un haut degré de perfection, et il n'est pas de phénomène physique qu'elle ne réduise en formule, et dont elle ne déduise une loi générale mathématique.

Tout rentre dans son domaine, le mouvement et la pesanteur, l'action des corps sur eux-mêmes, leurs lois d'équilibre et de pression, les fluides, la lumière, le son, jusqu'aux lois les plus intimes de l'affinité.

C'est pourquoi, avons-nous dit, l'application de l'algèbre à la physique

(1) Voyez Cuvier dans son résumé des théories astronomiques. Discours sur les révolutions du globe.

(2) Plutarque sur Pythagore.

est une des choses dans lesquelle l'esprit de l'homme s'exerce avec le plus de complaisance; car c'est là qu'il est roi en quelque sorte.

Et la raison chrétienne ne lui conteste pas cette espèce de jouissance qui est comme une jouissance de création. Au contraire elle aime à son tour à entourer de gloire cette puissance de réflexion qui pénètre ainsi dans le mystère le plus profond de la nature.

Il faut le dire toutefois; si la science physico-mathématique ne sortait pas de ce cercle de formules, elle aurait un caractère peu philosophique, car elle ne se rattacherait par aucun point à ce système immense du monde intellectuel, que nous étudions. Et c'est ce que d'Alembert pressentait lui-même, avant le développement qui a été donné à cette science d'application, lorsqu'il manifestait sa défiance pour cette sorte d'*auteurs qui entendent résoudre d'un trait de plume des problèmes d'hydraulique et de statique capables d'arrêter toute leur vie les plus grands géomètres* (1). Prenons garde que l'esprit de l'homme, en s'appliquant aux sciences qu'il semble rendre les plus précises, est exposé, par je ne sais quelle loi rationnelle mystérieuse, à perdre de cette puissante faculté d'expansion qui embrasse la science dans ce qu'elle a de plus général et de plus vrai. C'est pourquoi peut-être la réflexion humaine puissamment appliquée aux mathématiques semble être, non seulement, une abstraction, mais une distraction de toutes les réalités de la vie morale. De toute nécessité, il faut que l'homme montre sa faiblesse, même alors qu'il se sent le plus maître de la science. Et par conséquent alors aussi il a besoin de chercher sa force dans un ordre de vérités, où cette science qu'il fait par sa puissance propre vienne trouver sa concentration.

Donc le christianisme se montre toujours comme unité scientifique

Le christianisme laisse une immense carrière à la science; mais il ne veut pas qu'elle s'en aille au bout du rayon de la circonférence, où elle ne trouverait qu'un seul point à éclairer; il veut que du centre elle embrasse l'espace qui s'ouvre à elle, soit en l'explorant par l'observation, soit en soumettant l'observation même à des lois de démonstration capables ensuite de la suppléer.

XII.

Et ceci nous devient plus sensible si des sciences théoriques nous passons aux sciences pratiques, aux sciences d'application ou d'utilité.

La science en elle-même répond à la nature propre de l'homme, qui est

(1) Introd. à l'Encyclopédie.

une nature morale et intelligente. Et cependant comme l'homme a été placé sur la terre dans une condition où la pure raison ne suffit pas à son existence, il faut que la science se réalise pour lui par des applications matérielles en harmonie avec ses besoins.

De là les sciences dont nous parlons, sciences réelles puisqu'elles dérivent de la connaissance expérimentale ou réfléchie de la nature; mais par un bizarre caprice des hommes, sciences plus ou moins élevées dans leur estime, suivant qu'elles dérivent de l'une ou de l'autre de ces connaissances.

La science expérimentale est la plus sûre, et précisément c'est celle dont la raison humaine est moins satisfaite.

L'homme aime mieux la science qu'il se crée par la réflexion, non pas seulement parce qu'il la crée, mais aussi peut-être parce qu'elle a quelque chose de mobile qui se prête à la variété des conceptions et des théories.

La science expérimentale donne lieu d'ailleurs à des arts mécaniques, souvent grossiers, et la science réfléchie à des arts libéraux, souvent sublimes; c'en est assez pour que la vanité fasse son choix.

Ne nous amusons point à ces distinctions qui sont pourtant pleines de réalité, mais disons simplement qu'en toutes sortes de sciences, et par conséquent dans les sciences d'application, il y a deux parts à faire, l'une pour l'expérience, l'autre pour la réflexion.

L'expérience ne suffit pas à la science proprement dite, mais la réflexion lui suffit moins encore. L'expérience est le premier élément de la science, la réflexion en est le second; c'est pourquoi la réflexion peut se suppléer, et l'expérience ne le peut pas.

De plus il est telle science qui n'est à la rigueur rien autre chose que l'expérience, comme est, par exemple, la science qui apprend à l'homme à tirer sa nourriture de la terre, c'est-à-dire la science de l'agriculture.

La réflexion peut ajouter à cette science, mais elle ne la fait pas, et jamais elle ne l'eût faite, si primitivement l'homme ne l'eût reçue comme une condition de son existence.

C'est pourquoi, malgré les expressions d'enthousiasme et d'amour qui échappent de loin en loin à la poésie pour cette science d'utilité première, les hommes ne sont guère tentés de la mettre au rang des sciences dont s'honore la pensée humaine. On dirait que ce n'est rien d'avoir arraché à la terre le secret de nourrir ceux qu'elle porte. On trouve bien plus merveilleux de lui avoir arraché le secret de les détruire. C'est toujours que l'homme aime mieux la science funeste qu'il a faite que la science conservatrice qu'il a reçue.

Aussi à mesure que la science de conservation se modifie ou se renouvelle par la réflexion, ce nom même de science semble lui devenir plus propre et mieux acquis.

Vous le voyez par la science qui a pour objet la guérison des maladies du corps.

Certes, cette science porte en elle un indice manifeste de révélation première, ou au moins d'expérience perpétuée; car ce n'est pas la science qui d'elle-même a demandé à la nature ces remèdes mystérieux qu'elle a cachés jusque dans les poisons mortels. L'état sauvage les a trouvés ou gardés, comme l'état de civilisation savante et réfléchie.

N'est-ce donc pas que l'homme devrait bénir cette expérience heureuse et féconde? Et pourtant elle lui est suspecte.

Le mot d'empirisme, qui devrait signifier l'autorité des âges et des souvenirs, signifie leur ignorance et leur préjugé, et la science ne paraît réelle qn'au moment où elle se détache de la tradition expérimentale; à moins qu'une forte raison, comme celle de Bordeu, ne vienne contre ce penchant des idées, déclarant sans détour que la vraie médecine c'est l'empirisme (1).

Comment guérir cette disposition de la science à s'affranchir de l'autorité? Le vulgaire même la favorise par ses admirations ou par ses préférences.

Même dans ces sciences qui ont la guérison ou la conservation du corps pour objet, s'il en est une qui soit moins théorique mais plus certaine, comme la chirurgie, c'est celle-là qui sera mise à un degré de respect inférieur, comme pour attester toujours que dans la science l'homme veut voir son œuvre pour l'honorer.

L'œuvre de l'homme la voici:

Il est une science qui dut naître, ce semble, pour l'utilité de la race humaine, c'est la science de la guerre; ce ne fut pas primitivement une science de destruction, mais une science de défense et de salut.

Aussi les premiers héros du monde furent, selon toutes les traditions poétiques, des guerriers armés contre des monstres destructeurs. Le nom d'Hercule est un symbole mystique et presque universel de cet antique héroïsme.

Mais le but de la guerre fut bientôt changé, et ce qui était une science de salut devint une science de ruine.

Ici la réflexion de l'homme eut toute sa liberté, et il créa la science d'extermination. Or entre toutes les sciences d'*application*, c'est celle-là qui brille de plus de gloire.

C'est que dans la science de la guerre, il y a bien une certaine expé-

(1) Hist. de la Médecine.

rience générale qui domine même au travers des changemens de mœurs et de pays; mais chaque guerrier pourtant se fait sa théorie, comme sa pratique, de telle sorte que l'imitation rigoureuse y est impossible. C'est là ce qui explique l'espèce d'adoration des peuples pour le génie de la guerre, dont l'homme a fait le génie du ravage et de la mort.

Qu'est-ce à dire? n'est-ce pas que ce penchant de l'homme vers la science qu'il fait, au lieu d'aller au bien-être de l'humanité, peut naturellement aller à sa ruine? Laissez l'homme maître absolu de la science, et il en fera un fléau par ses applications. N'est-ce donc pas qu'ici comme toujours le génie humain a besoin d'une loi qui le maîtrise, ou d'une règle qui le gouverne.

Nous ne pensions pas trouver cette nécessité dans les sciences d'application, et voici qu'elle s'y manifeste plus encore que dans toutes les autres.

La raison en est simple; c'est que ces sciences rentrent dans la pratique de la vie, et que c'est là principalement que l'homme a besoin d'une loi d'autorité.

Si l'homme était une pure intelligence, la pure théorie, même avec sa mobilité capricieuse et fugitive, pourrait lui être sans péril. Mais sa vie matérielle elle-même lui fait une nécessité de se soumettre à l'expérience ou à l'empirisme.

Que faut-il donc à la dignité de l'homme? C'est que cette loi qui le règle ne soit pas une loi aveugle comme le destin, et brutale comme la force. L'expérience n'est pas le préjugé qui se perpétue, et l'empirisme est odieux dès qu'il ne ressemble qu'à la routine.

Or, la conciliation de la liberté de l'esprit et de la loi d'autorité, dans toutes les sciences pratiques, n'est possible que par le christianisme.

Le christianisme ne nuit à aucune tentative féconde, mais il défend l'humanité contre le caprice imprévoyant et souvent barbare des applications. Il encourage les découvertes utiles, mais il garde les traditions éprouvées.

Puis, comme il imprime au front de l'homme un cachet divin, il ne permet pas à la science de briser ce signe de protection, et il vient arrêter la théorie aussitôt qu'elle touche à des pratiques périlleuses.

Pour ne parler que des sciences médicales, n'est-ce pas que leur penchant à la nouveauté ressemblerait à une menace armée contre la vie de l'homme, si Dieu n'apparaissait pour le réprimer? Et qu'est-ce qu'une médecine que cette pensée souveraine n'inspirerait pas toujours? La médecine s'est laissée aller quelquefois à des maximes physiologiques qui, après tout, ne sont qu'un déguisement d'athéisme; mais n'est-ce pas alors qu'elle a perdu son respect pour l'homme, et sa sympathie pour ses douleurs? Une médecine athée, quelque savante qu'on la suppose, est pire cent fois que l'empirisme le plus idiot; car l'empirisme cherche le soulagement de la souffrance, et l'athéisme cherche tout au plus le succès d'une théorie téméraire. Dès que la science ne croit pas en Dieu, il n'y a plus d'homme, il n'y a plus d'humanité, il n'y a plus qu'un sujet anatomique, il n'y a plus qu'un cadavre pour objet d'étude.

Mais il est des sciences d'application qui vont à des pratiques matérielles où l'autorité d'une loi morale se fera moins sentir peut-être.

Les sciences industrielles, les sciences mécaniques, les sciences qui tendent à l'utilité ou à l'ornement de la vie, à la grandeur des cités, à la puissance des empires, ou simplement au luxe des États; les sciences qui domptent les mers, celles qui fouillent la terre pour lui demander ses métaux, celles qui s'emparent ensuite de ces richesses pour les plier au caprice de l'homme, l'architecture, la sculpture, le dessin, avec leurs dérivations multiples et variées; toutes ces sciences semblent pouvoir s'en aller capricieusement à leurs applications, sans être obligées de se soumettre à cette loi d'ordre moral que nous étudions dans le christianisme.

Mais n'est-ce pas une illusion?

Outre que, dans ses applications, chacune de ces sciences a un objet d'utilité sans lequel l'application même serait trompeuse, chacune encore a un objet de grandeur ou de beauté sans lequel l'application même paraît un désordre.

Dans la réalisation de ce double objet, une loi morale revient toujours.

D'un côté l'utilité, en effet, ne saurait être atteinte sans embrasser l'universalité des hommes; ou si les applications scientifiques n'allaient qu'à l'utilité du plus petit nombre, elles seraient inhumaines et oppressives.

D'autre part, la beauté des applications n'est pas capricieuse; elle tient à des lois certaines et universelles, et elle rentre plus ou moins dans une notion de perfection morale, indépendante du génie même des sciences.

Quoi! n'est-ce pas que par ce double point de vue le christianisme reparaît toujours?

Le christianisme, type de la perfection morale, est encore la règle de l'utilité.

Lors, par exemple, que les sciences auront pénétré dans les entrailles de la terre, le christianisme y entrera à leur suite, ne fût-ce que pour les empêcher d'y enfouir vivans des esclaves dévoués à leur caprice.

Et puis lorsqu'elles auront arraché, du fond des mines, des trésors inconnus, le christianisme leur apparaîtra encore, soit avec ses idées d'utilité, soit avec ses idées de convenances, afin que la magnificence de la création ne s'altère pas sous la main de l'homme, et que l'ornement du monde ne devienne ni une folie ni un fléau.

Ce n'est point le lieu de comparer les conditions de civilisation plus ou moins favorables à ces diverses applications des sciences. Peut-être on montrerait des peuples chez qui elles sont arrivées à de hauts perfectionnemens sans cette influence du christianisme que nous indiquons. Toutefois il serait insensé de dire que la *pensée religieuse*, en général, ait été absente de leurs travaux d'application. Le génie égyptien et le génie grec dérivent également de cette pensée. Mais à l'un et à l'autre, une loi d'utilité manqua également, et même scientifiquement, il ne semble pas permis de comparer la civilisation chrétienne à la civilisation des vieux temps, ne fût-ce qu'à voir l'infinie variété d'applications que l'une a produite et produit toujours, à côté des rares monumens échappés à l'inspiration de l'autre.

Quoi qu'il en soit, et prenant la civilisation présente dans ses conditions naturelles, nous disons que le christianisme est nécessaire à ses sciences d'application, non seulement pour les inspirer par sa pensée de bienfaisance, mais aussi pour les régler et féconder par son principe d'unité.

L'unité scientifique, c'est toujours le christianisme avec sa loi d'ordre qui est à la fois une loi d'utilité.

Que la raison de l'homme ait dans toutes les applications des sciences une immense liberté de création, cela se voit très bien par les œuvres qu'elle produit; mais que nul n'imagine qu'elle trouve en elle-même le type de ces magnifiques réalisations; même dans les applications qui semblent faciles, il y a un type de beauté morale ou d'utilité relative, qui doit se trouver en harmonie avec la loi générale de l'ordre humain, ou bien non seulement elles seraient futiles, mais elles seraient surtout funestes et désordonnées. C'est par là qu'elles rentrent forcément dans le christianisme, et on peut dire que plus elles sont chrétiennes, plus elles sont grandes et belles, utiles et fécondes, magnifiques et bienfaisantes.

XIII.

Voici des sciences d'application d'une nature toute différente : ce sont les sciences littéraires.

Ici la réflexion de l'homme ne s'exerce plus seulement soit sur la nature visible, soit sur la nature intime des êtres, comme sur de purs objets d'examen et de théorie; mais elle s'applique à se réaliser elle-même par des formes extérieures et saisissables.

Il s'ensuit que toutes les sciences déjà entrevues jusqu'à ce moment reparaissent pour entrer dans le domaine des sciences littéraires, qui en sont comme l'expression.

Autrement les sciences morales, sociales ou historiques, comme les sciences physiques ou matérielles, ne seraient formulées que d'une manière théorique dans l'esprit, sans recevoir une forme visible qui pût les rendre présentes à d'autres intelligences.

A vrai dire, les sciences littéraires sont des sciences de représentation : cela se voit par ce mot même de *lettres*, qui d'abord indique simplement un signe extérieur de la pensée, et ensuite désigne la pensée même dans ce qu'elle a de plus intime.

Sur cette observation de fait tout un système littéraire pourrait être établi, conforme à la philosophie la plus haute, embrassant à la fois les réalités de la pensée et les formes de son expression.

Il nous faut ici marquer seulement quelques généralités. Redisons que la littérature, prise dans le sens le plus étendu, est une expression écrite ou parlée des conceptions de l'esprit, appliquées à tous les objets de connaissance.

Il s'ensuit que la beauté des littératures se conforme à la beauté des conceptions; et comme la beauté des conceptions ne saurait être comprise en dehors de la vérité, la vérité revient encore comme type de la beauté des littératures.

Par ce peu de mots semblent résolues toutes les controverses agitées de nos jours sur la beauté littéraire.

On n'a pas assez compris qu'il y a deux genres de beautés, la beauté de la nature physique, et la beauté de la nature morale; l'une qui frappe d'abord les yeux, l'autre qui frappe d'abord l'esprit; l'une extérieure, l'autre intime; l'une qui tient à l'harmonie mécanique de la création, l'autre qui tient à son harmonie intellectuelle.

De sorte que la littérature a deux expressions correspondantes à ce double genre de beauté réelle, une expression qui tient à l'ordre sensible, et une expression qui tient à l'ordre moral.

D'où il suit certainement qu'en tout état de civilisation, la nature visible s'offrant avec son caractère, facile à saisir, l'expression littéraire qui la réalise peut toujours avoir sa beauté, selon qu'elle se conforme à ce type d'imitation.

Il y a donc une littérature qui, jusqu'à un certain point, peut avoir simplement pour objet l'expression de la nature visible, indépendamment des lois d'harmonie qui président à la marche du monde moral.

Cette littérature a sa vérité et sa grandeur, et même elle peut frapper d'autant plus l'universalité des hommes, qu'elle est une représentation de l'espèce de beautés qui exigent le moins d'attention pour être aperçues.

Mais il reste l'expression littéraire, qui a pour objet la réalisation des beautés intimes de l'ordre humain.

Voici une création toute nouvelle qui se présente, et voici, par conséquent, un caractère de littérature plus profond, plus pénétrant, plus philosophique.

Ici, à part la différence des génies qui s'exercent à la réalisation des beautés du monde, différence qui subsiste soit qu'ils s'attachent à l'ordre physique ou à l'ordre moral, il est visible que le caractère des littératures suivra des variations de perfection, suivant qu'elles seront appliquées à l'expression d'un ordre harmonique plus ou moins parfait.

C'est en ce sens seulement que M. de Bonald a pu dire que la *littérature était l'expression de la société*, mot cité toujours et pas toujours compris.

C'est-à-dire que la littérature, par ses degrés de perfection, est une représentation certaine des degrés de perfection ou d'intelligence qui se trouvent dans la société.

Et en ce sens la littérature chrétienne est la plus parfaite, car elle est la représentation la plus exacte et la plus précise de l'harmonie humaine.

Après cela les langues ont leurs variétés, et dans ces variétés une perfection de mots, de sons ou d'images, plus ou moins accommodée à l'expression réelle des choses.

Et de cette perfection des langues résulte aussi sans doute une beauté plus réelle dans l'expression littéraire de la nature physique ou de la nature morale.

Mais la perfection même des littératures ne tient pas à cette forme heureuse de leur expression.

La perfection littéraire est quelque chose de plus intime; et de même que l'ordre moral est au-dessus de l'ordre physique, la représentation de l'un est plus grande et plus belle que celle de l'autre, même quand la langue qui lui sert d'expression n'aurait ni la même richesse ni la même harmonie.

Il se peut faire que dans la littérature grecque il y ait une certaine perfection extérieure ou d'expression qui ne se trouve pas dans la littérature française ou dans toute autre littérature moderne. Cela tient à des avantages presque matériels, à un son de voix, à une souplesse de parole, à une variété d'image, à tout le caractère d'une langue faite par la nature et non par l'imitation d'une autre langue.

Mais ces avantages qu'il faut toujours reconnaître n'empêchent point la supériorité de toute autre littérature mieux inspirée, quelle que soit l'imperfection de la langue qui lui servirait d'instrument.

M. de Bonald traitant un sujet analogue, mais le bornant toutefois à l'examen des mœurs de la poésie, s'exprime en des termes ingénieux bien que trop sévères sans doute pour la langue élégante de l'Italie.

« La langue d'Homère est plus héroïque que son sujet, dit-il, et le sujet du Tasse plus héroïque que sa langue. La langue italienne, faible, molle et sans dignité, convient plutôt au genre familier. Lorsqu'elle parle l'épopée, on croirait entendre jouer le vieil Horace par l'amoureuse du Théâtre-Italien. C'est Herminie qui prend les armes d'Argant pour combattre Tancrède. Aussi remarquez que les reproches que Despréaux fait au Tasse portent principalement sur les *concetti* de sa langue, et que ceux qu'Horace fait à Homère portent sur la conduite du poëme. De là vient qu'Homère et Virgile perdent tant à être traduits, et que le Tasse y gagne peut-être, ou du moins que son poème ne perd rien à être traduit dans toutes les langues qui sont plus mâles et plus héroïques que sa langue naturelle (1). »

Cela devient parfaitement juste dès qu'on veut le généraliser davantage; car la poésie, du moins comme forme, n'est qu'une partie de la littérature.

Ainsi la littérature n'est pas seulement une expression de mœurs héroïques ou familières, elle est aussi une expression d'idées vraies sur tout ce qui tient aux lois de l'harmonie humaine.

Il s'ensuit que là où ces lois sont plus profondément empreintes dans l'intelligence des hommes, là aussi la littérature, expression de la société intelligente, monte d'elle-même à un degré plus haut de perfection.

Considérées sous cet aspect, les questions littéraires sont simplifiées.

Laissons au génie ancien toutes ses richesses, mais voyons à quel principe est due la perfection du génie nouveau.

Le génie ancien a peu pénétré dans le mystère de l'humanité; il ne le pouvait pas; il est resté à la surface; mais rien de cette surface ne lui a échappé.

De là une vérité merveilleuse d'expression. Et comme la pensée est plus vivement ébranlée par des choses extérieures, la parole aussi reçoit de cette émotion une empreinte de vivacité passionnée, qui se communique avec plus d'empire.

Le génie moderne a sondé le mystère. Un flambeau le guidait. Il a tout vu, ou tout entrevu, ou tout soupçonné.

De là un ensemble admirable de création, et une pénétration intime de la pensée qui prélude à toute l'action de la vie humaine.

(1) Législ. primitive, tom. 3.

Et peut-être cette connaissance a pu donner lieu quelquefois une à sensibilité froide et raisonneuse; mais aussi le ressort littéraire a été plus varié, la conception plus étendue, l'harmonie de l'ouvrage plus complète et plus savante.

Pour arriver rapidement à notre but, disons que le christianisme a jeté cette féconde unité dans la littérature des âges modernes.

Le christianisme n'était point venu au monde pour donner au génie poétique ou littéraire plus d'inspiration ; mais comme il a révélé à l'homme un ordre inconnu de perfection, rien ne doit étonner, si cette révélation toute morale a servi de développement à la littérature même.

L'épopée, le drame, tous les genres de création poétique ont profité à cette lumière, comme aussi les sciences morales ou naturelles, considérées dans leur expression, laquelle est aussi une création.

Qu'on ne cherche donc plus si le christianisme a été plus fécond pour les lettres que les âges d'idolâtrie : ce sont là de vaines disputes.

Quand même les œuvres modernes n'auraient pas littérairement la même perfection extérieure que les œuvres antiques, elles ont une perfection intime qui ne s'était point vue encore sur la terre.

Les langues anciennes ont été plus heureuses; mais la pensée moderne a été mieux inspirée.

La passion a changé d'aspect; elle était matérielle, elle est devenue morale. La force dominait le drame, l'épopée, toute la poésie; à la place de la force vous avez le secret de la force, vous avez la volonté qui la meut.

L'éloquence, qui semble tout l'objet de la parole, c'est-à-dire la domination de la pensée d'autrui, l'éloquence parlait à la colère, à la vengeance; elle parle à la raison. L'éloquençe est montée à un degré d'élévation que les âges anciens n'avaient point soupçonné. Elle dompte les passions : jadis son triomphe était de les exciter.

Et comme la connaissance de l'homme a été plus intime, la parole est devenue plus ingénieuse pour exprimer cette science toute nouvelle.

La morale n'a pas été seulement une étude philosophique des rapports des hommes entre eux; elle a été un examen délicat de leurs habitudes et de leurs pensées.

Tout le secret de l'homme s'est dévoilé, et la langue a trouvé je ne sais quel raffinement d'expression inconnue pour caractériser et saisir ces nuances presque aériennes de l'humanité.

La science du moraliste n'avait pas même de nom chez les anciens; c'est une science toute chrétienne, et peut-être la plus délicate et la plus subtile de toutes les sciences.

Il en est ainsi de la *critique*, une science littéraire qui ne se réduit pas à des principes d'art ou à des censures d'irritation et d'envie, mais qui rattache les lettres à la morale et à cette connaissance intime de l'homme, d'où naît tout le secret de l'inspiration.

Le christianisme a ainsi passé sur tous les objets où s'exerce la réflexion littéraire, pour les féconder.

Et si nous voulions ici développer pleinement un tel sujet, nous dirions comment il y a passé en y déposant le principe qui lui sert de vie à lui-même, son principe de foi ou d'autorité.

Car il faut convenir que dans les sciences littéraires le caprice humain arrive aisément pour toute règle des créations, à moins qu'une loi supérieure ne vienne les dominer.

Les hommes sont bien convenus de réprimer l'anarchie par ce qu'ils appellent le goût; mais le goût même devient l'anarchie, à moins qu'il ne représente le goût général des siècles littéraires, ce qui ne suffit pas toujours pour vaincre la bizarrerie des goûts.

Mais par le christianisme qui donne la notion précise des lois morales ou des perfections de l'intelligence, nous avons la notion des beautés réelles qui sont une réalisation de ces lois.

C'est pourquoi de nos jours les nouveautés littéraires se sont affranchies de toute règle, et ont réalisé le désordre pour toute perfection. Cela tenait à ce que le christianisme était absent des créations, même alors qu'elles l'invoquaient.

On disait bien et avec vérité que le *goût* avait souvent fait des règles sans rapport avec la nature; mais ce n'était pas à dire qu'il n'y eût point de règles.

La nature littéraire, ou exprimée par les lettres, n'est point toute la nature ou la nature sans choix; cette nature serait hideuse, toute vraie qu'elle serait.

Et nous ne parlons pas seulement de la nature visible, mais de la nature morale. En cette double nature il y a des choses que l'art voile à moins qu'il ne soit abject : donc l'art est une convenance; mais encore une fois la convenance n'est pas un caprice; elle est une loi de vérité et d'ordre, et elle n'est telle que sous la lumière chrétienne, laquelle ne détruit point la liberté du génie, ou ne borne pas la carrière des conceptions, mais illumine au contraire l'une et l'autre de ses resplendissantes clartés.

XIV.

A mesure que nous avançons dans l'examen des sciences, on dirait que la puissance de la réflexion se révèle à nous dans un ordre de progression merveilleuse qui aboutit à la création même.

Voici que l'homme, tel que nous l'étudions, ou bien formé par la main de Dieu, ou bien créé en quelque sorte par la société, se réfléchissant en lui-même, et y trouvant des sciences qu'il doit à une inspiration extérieure ou à l'enseignement, les féconde à son tour par sa pensée, et en fait jaillir des sciences toutes nouvelles.

C'est ce que nous avons vu en parcourant cette belle série de connaissances acquises par l'étude réfléchie des êtres, de la nature extérieure, de ses phénomènes et de ses lois; en passant ensuite aux applications de ces connaissances à l'utilité pratique de la vie, et enfin en effleurant ces harmonieuses lois littéraires desquelles résulte une sorte de réalisation de la pensée par un signe qui la rend présente avec toutes ses nuances de délicatesse ou de majesté, de subtilité ou d'énergie.

Dans la science philosophique l'homme est moins créateur, parce qu'il ne fait que se connaître.

Dans les sciences naturelles il le devient davantage, parce qu'il saisit des êtres qui lui sont extérieurs.

Dans les sciences mathématiques il monte à un degré plus haut, parce qu'il trouve des lois que les sens ne lui pouvaient montrer.

Dans les sciences d'application sa puissance se révèle d'une manière un peu différente mais plus sensible, parce qu'il réalise des forces qui semblent le rendre maître de la nature même.

Dans les sciences littéraires enfin, c'est lui qui se produit au dehors par des signes qu'il façonne à son gré, et tout en se produisant comme intelligence, il saisit et captive l'intelligence d'autrui, ce qui paraît être le comble de la domination.

Toutefois en chacune de ces sciences la réflexion trouve un fonds qu'elle n'a pas fait d'elle-même, soit qu'elle s'exerce sur l'homme ou sur la nature, sur la pensée ou simplement sur la parole.

L'homme n'applique donc sa puissance qu'à réaliser des formes en quelque sorte, car les choses, les faits, les réalités idéales, ce n'est pas lui qui les produit, et en ce sens il n'est pas créateur.

Quoi! ne le pourra-t-il devenir?

Il y a dans l'homme une singulière puissance; c'est celle d'imaginer. Imaginer, n'est-ce pas créer?

Par l'imagination l'homme crée une nature nouvelle, et cette création donne lieu à des modifications merveilleuses dans tout le système des sciences, depuis les sciences naturelles jusqu'aux sciences littéraires, depuis la théorie des arts jusqu'à l'art de leurs applications.

L'imagination, c'est l'invention, à proprement parler.

C'est à force d'imaginer, qu'Archimède arriva à pouvoir affirmer mathématiquement qu'avec un point donné il soulèverait le monde.

De même par la puissance d'imagination Newton parvint à la loi universelle d'attraction. Le pur calcul ne l'y eût pas conduit.

Toutes les grandes découvertes du génie humain dérivent de cette puissance, excepté celles qui dérivent du hasard; et encore celles-là ont un caractère particulier qui les distingue. Le hasard découvre un fait, comme l'attraction de l'aimant ou sa direction, mais il ne découvre pas une loi; le hasard n'eût pas résolu le problème de la sphère inscrite au cylindre; le hasard n'invente pas, il trouve; c'est le contraire de l'imagination, qui ne trouve pas, qui invente; elle invente même les applications de ses sciences, et en ce sens l'imagination, c'est le génie.

C'est en un mot par l'imagination que l'homme se rend propre la science humaine, qu'il la modifie et la transforme.

On reconnaît toutefois des sciences dans lesquelles l'imagination a son exercice plus librement et plus souverainement établi. Telles sont les sciences où le travail humain semble n'avoir pas d'objet précis indiqué par la nature.

Et telle d'abord la poésie, considérée non-seulement comme science de création, mais comme science d'expression.

Ici la pensée humaine est maîtresse de son œuvre, tandis que dans les autres sciences l'œuvre existe, et la réflexion ne fait que l'étudier dans ses formes et dans ses lois.

Voilà pourquoi dans les anciennes langues le poète est dieu; car il est créateur, et c'est le sens admirable et profond du mot même de poète.

Or il ne crée que parce qu'il imagine; et en cela il commence à différer du Dieu véritable, qui crée parce qu'il réalise.

Il n'en est pas moins vrai que c'est une singulière puissance que celle d'imiter la création même, ne fût-ce que par des fictions.

Et remarquons que l'homme réalise jusqu'à un certain point cette espèce de création. On le voit dans la poésie proprement dite qui est une invention de réalités imaginaires, et on le voit dans plusieurs autres sciences qui sont une dérivation ou une transformation de la poésie.

La musique est la première de ces sciences; science plus mystérieuse que ne le suppose le vulgaire, que ne le supposent même ceux qui l'étudient comme une théorie, ou ceux qui la cultivent comme un art.

Quoi! n'est-ce pas un objet de haute philosophie que la simple succession des sons humains, avec l'infinie variété de leurs nuances si rapides et si fugitives?

Quel philosophe a bien expliqué la loi toute simple de l'harmonie, cette loi résidant en trois sons principaux, dont la combinaison développée donne lieu à tout le système des accords?

Peut-être la science de la musique est la plus profonde, et elle passe pour la plus futile. Ce n'est point le lieu de la rétablir à son rang scientifique; qu'il suffise d'indiquer qu'elle porte en elle un caractère digne de tout l'examen des philosophes, et que ce n'est pas sans une profonde raison que la science antique avait fait de l'harmonie des sons l'emblème de l'harmonie du monde.

Or l'imagination paraît surtout dominer dans la musique, parce que la musique n'est pas une expression de réalités permanentes, mais plutôt une réalisation de fictions fugitives.

On demande quelquefois si la musique exprime des idées. On dirait qu'elle n'est rien si elle n'est pas une formule exacte du sentiment ou de la pensée! Et pourquoi cette rigueur à l'égard d'une science où nous trouvons des plaisirs qui ne ressemblent à aucun autre plaisir, puisque les sens et l'intelligence y sont à la fois satisfaits? L'harmonie du monde n'est pas une parole, et pourtant elle répond à l'ame et lui parle avec une puissance qui ne fut donnée à aucune langue. On ne saurait nier qu'il n'y ait dans l'ordre des sons que l'imagination multiplie selon des lois très certaines une mystérieuse corélation avec toute la nature intellectuelle de l'homme; autrement il ne se concevrait point que la musique eût l'étonnante puissance de le captiver, de l'émouvoir, de lui déchirer l'ame, de lui briser le cœur, de le faire frémir, pleurer, palpiter, et bien plus encore de le saisir par la pensée en quelque sorte, et de l'arracher aux réalités de la vie pour le plonger dans la méditation vague et indéfinie de l'immensité.

Au reste, cet empire exercé sur la pensée de l'homme n'est pas le caractère exclusif de la musique. Il est propre également à toutes les sciences d'imagination; et par là même est manifesté le secret de leurs analogies avec l'intelligence humaine.

Ainsi l'architecture formule des pensées de création qui, sans avoir aucun type réel dans la nature, provoquent soudainement notre admiration, selon qu'elles répondent au sentiment que nous avons de la beauté et de la grandeur.

Il y a dans l'architecture une loi d'harmonie qui a sa ressemblance avec la loi qui constitue la science de la musique. L'une parle aux yeux, comme l'autre parle aux oreilles, et toutes deux vont correspondre à l'intelligence qui les embrasse dans le système moral du monde.

Cette loi d'harmonie est intime à la création. Sans doute elle ne se révèle pas à nous pleinement; mais nous la connaissons assez pour porter en nous-même une appréciation assez exacte de sa perfection.

L'idée de la symétrie et de la concordance, que nous poursuivons malgré nous dans toutes les œuvres, n'est autre chose qu'une déduction naturelle de cette loi.

Et c'est précisément parce que nous ne parvenons pas à la connaître pleinement, et à la formuler avec une exactitude mathématique, que la révélation intime qui en est faite à notre ame garde quelque chose de vague qui se prête admirablement à la fécondité créatrice de l'imagination.

De là des formes prodigieusement variées dans l'architecture; de là une régularité savante avec un abandon poétique; de là une harmonie indéfinie avec une liberté sans désordre.

Peut-être la peinture, qui est aussi une science d'imagination, ne paraîtra pas au premier aspect soumise également à cette même loi d'harmonie qui se révèle dans les œuvres de l'intelligence. C'est que la peinture a un type d'imitation dans la nature visible, et que pour cela même elle paraît moins créatrice que les autres sciences.

On a écrit quelquefois que la musique avait aussi son type dans je ne sais quels concerts de la nature, dans le chant des oiseaux, dans le murmure des ondes, et même dans le bruit des vents; de même que l'architecture avait le sien dans les spectacles du monde, dans les dômes des vallées et des montagnes, et dans je ne sais quelle harmonie extérieure des œuvres inégales qui ornent la création.

Mais ce sont là des chimères.

Le type de la musique comme de l'architecture est dans la conception humaine, et ce type est assez grand et assez fécond.

Il n'en est pas tout-à-fait ainsi sans doute de la peinture qui a son type réel dans les objets extérieurs qui frappent les sens.

Mais si la peinture est une imitation, c'est l'imagination qui fait cette imitation. Par là elle reçoit deux caractères distincts, un caractère de vérité réelle et un caractère de vraisemblance imaginaire; l'une qui lui vient des objets qu'elle imite, l'autre de la puissance qui les réalise une seconde fois par l'imitation.

Or ce que nous disons de la peinture s'applique rigoureusement à la sculpture qui, dans l'expression des objets qu'elle reproduit, garde également toute la liberté de ses conceptions.

Et ainsi l'imagination reparaît toujours avec ce vague infini de création, qui la rend maîtresse des arts qu'on nomme libéraux, c'est-à-dire intellectuels.

Mais nous arrêtant au point d'observation où nous sommes parvenus, et d'où un vaste horizon scientifique pourrait s'apercevoir, nous pouvons nous demander l'explication philosophique de ce mystère d'harmonie qui s'est révélé à notre pensée.

Ce n'est là rien de fictif, mais bien une réalité plus ou moins saisie par l'intelligencee.

D'où vient donc cette loi de l'imagination ou de la faculté créatrice de l'homme?

D'où vient que cette puissance qui nous est propre est dominée par une autre puissance, dont nous avons l'instinct sans en avoir la notion précise et formulée ?

Qu'est-ce enfin que cette unité de l'ordre que nous poursuivons dans nos œuvres comme dans celles d'autrui ?

Cette loi, cette unité, il faut le dire, nulle philosophie humaine n'en a le secret, à moins qu'elle ne le cherche dans la révélation chrétienne.

Elle peut se faire sentir à tous les poètes, ou à tous les créateurs, comme une inspiration cachée de l'ame ; Homère et Platon cédaient à sa puissance intime et mystérieuse comme Bossuet ou Racine, comme Cervantes ou Milton, comme Raphaël ou Michel-Ange. Mais si, après avoir senti leur génie dominé par elle, ils eussent voulu chercher la raison de son empire, tous ne l'eussent pas trouvée de même. C'est que la pensée rationnelle de l'ordre n'est pleinement connue que dans la lumière du christianisme. Partout ailleurs l'imagination peut avoir sa fécondité ; mais là seulement elle a la notion philosophique et réfléchie des lois qui servent de règle à ses créations.

Aussi la philosophie du christianisme est la seule qui ait plongé son regard dans toutes les questions qui tiennent à l'art humain.

Seule elle a fait une théorie scientifique de la poésie pr prement dite, qui est l'art par excellence.

Seule elle a donné la raison de l'unité dans les œuvres du génie.

Seule elle a pu dire que cette unité n'était autre chose qu'une correspondance aux lois morales de l'humanité, hors desquelles il n'y a que le caprice, c'est-à-dire la ruine de tout ordre comme de tout art.

Seule aussi elle a dit à l'homme le secret de ce qu'il nomme la rêverie, sorte d'élévation extatique par-delà les réalités de la vie, réalisation mystique d'un monde inconnu.

Et seule enfin elle a fait de cette idéalité mystérieuse tout le charme de l'art moderne, soit dans les œuvres de la poésie proprement dite, soit dans celles de la peinture, autre sorte de poésie ; ou de l'architecture, poésie et peinture tout à la fois ; ou de la musique, expression indéfinie d'un ordre d'émotions qui échappent à l'analyse de la raison.

XV.

Voici donc que nous avons parcouru tout l'ordre des sciences et que dans toutes nous avons trouvé la fécondation du principe chrétien. Il resterait peut-être à embrasser tout cet ensemble sous un même aspect : reprenons simplement les principales idées de notre travail.

La science, si on prend ce mot dans son acception la plus expressive, est la connaissance des réalités, et encore de ce qu'il y a d'intime dans les réalités.

Et comme les réalités ainsi conçues ne tombent pas sous les sens, la science humaine ne les saurait pénétrer par elle-même, puisqu'il ne lui est donné que de saisir les choses extérieures, les formes des êtres, leurs lois tout au plus, ou les faits qui leur tiennent lieu de lois.

La connaissance des réalités est la science de Dieu. Mais Dieu peut la communiquer plus ou moins.

Dieu l'a premièrement communiquée à l'homme, en la renfermant dans la reconnaissance des réalités morales, qui ne sont rien autre chose que les rapports des êtres intelligens. Et par cette simple communication il a jeté dans l'esprit humain tout son germe de développement.

Ce n'est pas sans une pensée d'ordre profondément mystérieux que que Dieu a ainsi borné pour l'homme la science des réalités. Ainsi bornée, elle était suffisante encore pour produire toute l'harmonie intellectuelle du monde, sans que cette harmonie dût retenir dans l'immobilité l'esprit de curiosité ou de recherche qui est propre à l'intelligence créée.

Ainsi dans la science humaine il y a deux objets très distincts, les réalités intimes des êtres, et leurs natures visibles ou extérieures.

Les réalités intimes sont communiquées à l'homme, et plus il en a la notion précise, plus son intelligence est éclairée, et sa science est étendue.

La nature extérieure des êtres est au contraire un objet que la science par ses efforts peut toujours pénétrer davantage. Toutefois la science ne se constitue pas *à priori* par cette pénétration graduelle et successive. Une science est déjà faite dans l'homme, lorsqu'il essaie de réaliser cette connaissance nouvelle; cette science, c'est la science communiquée des réalités.

Il s'ensuit que la science arrive à l'homme par deux voies, par la voie d'autorité et par la voie de recherche ou d'examen.

Mais elle lui arrive d'abord par la première.

C'est lorsque l'homme est formé par l'enseignement ou la révélation des réalités qui constituent la science proprement dite, qu'il applique son intelligence à la découverte des choses qui sont en dehors de cette connaissance.

Et chose très remarquable! afin que l'homme ne puisse jamais douter que l'autorité ne soit le fondement de la science humaine, Dieu a voulu qu'il fût contraint d'accepter sans examen tous les premiers principes des connaissances mêmes qui ont pour objet les choses sensibles, jusqu'aux axiomes qu'il appelle évidens pour se complaire, mais qu'enfin il n'a pas trouvés et qui sont placés en dehors de ses démonstrations, de ses expériences ou de ses théories.

Voilà en peu de mots tout notre système philosophique des sciences.

La pensée chrétienne y est partout apparente, parce que la nécessité de la soumission y est partout démontrée.

Et cela même, c'est le catholicisme.

Sous notre plume catholicisme et christianisme, c'est une identité.

Le christianisme est nul s'il n'est pas catholique; et le catholicisme est nul aussi s'il n'est pas chrétien. Nous en avons dit la raison; c'est que le principe chrétien est la soumission, et le principe catholique est l'autorité; deux principes qui se correspondent et sont nécessaires l'un à l'autre, puisque la soumission sans l'autorité, ou l'autorité sans la soumission, c'est une égale chimère.

Or une chose digne de profonde admiration, c'est de voir avec quel ordre Dieu ayant constitué l'intelligence humaine sur cette base première de l'autorité, lui a permis ensuite de se féconder elle-même en se repliant sur les notions communiquées, et les faisant servir à la connaissance et à l'examen de la nature tout entière.

L'autorité et la réflexion, c'est le double pivot de la science.

Il y a des sciences où l'autorité est plus manifeste; il y en a d'autres où la réflexion est plus libre. Mais en toutes l'autorité commence, et en toutes la réflexion achève le travail par lequel la connaissance arrive à sa plénitude.

Il appartient donc à la philosophie de faire cette double part de la foi et de l'examen, dans la théorie raisonnée des sciences, et à cette fin elle doit être ou se faire catholique, sous peine de franchir toutes les bornes et de sacrifier, tantôt l'examen, pour s'abîmer dans l'extrémité du fatalisme, tantôt la foi, pour expirer dans les misères du doute.

Mais une question dernière se présente, à savoir, si l'esprit chrétien a réellement fécondé l'intelligence humaine au-delà de ce que nous savons de toutes les histoires de la civilisation du monde.

Question brillante, mais qui se rapporte plus à l'art qu'à la philosophie, et qu'il serait d'ailleurs superflu de traiter encore après les mélodieuses apologies qu'elle a inspirées au plus magnifique des écrivains de nos jours.

Pourquoi ne pas observer toutefois que la comparaison des œuvres de l'art chrétien avec toutes les œuvres du génie antique manque d'une rigueur logique, toutes les fois qu'on s'arrête à la forme extérieure des créations?

Le christianisme n'est pas venu sur la terre afin de fournir aux poètes des inspirations mythologiques plus riantes, afin de donner à tous les arts une fécondité plus variée, et aux sciences mêmes une pénétration plus profonde.

Quand même Platon serait encore le premier philosophe, Homère le premier des poètes, Archimède le premier des géomètres, le christianisme apparemment ne perdrait rien de sa vérité. Ainsi les disputes sur l'art moderne et sur l'art ancien peuvent survivre; mais après qu'elles seront épuisées, la philosophie apparaîtra et viendra dire que dans les controverses on s'est mépris; car au lieu de pénétrer dans le fond des questions, on n'a saisi que les apparences, et à son tour elle aura son jugement à faire entendre.

Elle dira donc qu'il n'importe que le christianisme ait poussé par son génie le mouvement de la science ou de l'art humain; mais au moins est-il manifeste que seul il a dit à l'homme la raison de ses connaissances; seul il en a fait un système d'unité et d'harmonie; seul il a révélé la loi morale des êtres; seul il a constitué la science en un mot, avec sa certitude logique, et son universalité presque divine.

Sans le christianisme la philosophie des sciences ne se fût pas même offerte à l'esprit de l'homme comme un objet de doute ou d'examen possible.

Et qu'est-ce que la perfection d'un art partiel, et même du plus beau de tous les arts, de la poésie qui les embrasse et les féconde tous par son inspiration, qu'est-ce que cette perfection, auprès de la magnifique unité des sciences, que le christianisme rattache par ses anneaux d'or à la pensée éternelle, à Dieu? qu'est-ce que les œuvres du génie, que Dieu sème dans l'humanité, comme il sème les étoiles dans le firmament? qu'est-ce que ces feux isolés et ces flammes resplendissantes, auprès de tout le système du monde intellectuel, tel que le christianisme nous l'expose rayonnant de ses clartés?

Toutefois ayant d'abord saisi ce grand caractère de la science qui embrasse tout l'ordre de la création, il est permis de revenir à cette comparaison des travaux de l'esprit humain, dans les deux ordres d'inspiration mythologique ou chrétienne, que la critique a si souvent examinée de nos jours.

Sans penser en effet que le christianisme ait été révélé à la terre pour la simple perfection de l'art humain, on peut bien dire que la lumière qu'il a versée dans l'intelligence, en rectifiant toutes ses pensées, a naturellement perfectionné ses œuvres.

Il est des sciences qui n'ont pu naître que sous cette merveilleuse lumière, telles sont les sciences morales, sciences précises et fécondes, que l'antiquité ne fit qu'effleurer de ses doutes.

Et dans ces sciences que de créations, envisagées simplement sous le rapport de l'art humain! chaque siècle chrétien a ses œuvres, que le flot des âges pousse toujours d'oublis en oublis, mais qui, mises successivement en regard des plus grands travaux de la philosophie antique, paraîtraient marquées d'un cachet magnifique auprès duquel le génie humain pourrait ressembler à de la débilité.

Quelle est en second lieu la littérature qui nous pourrait ouvrir des trésors semblables à la littérature de l'Église chrétienne? Dans quelle civilisation se voit un luxe de création semblable à la fécondité des saints pères? quelle éloquence fut plus inspirée que leur éloquence? quels prodiges égalèrent les prodiges de leur parole? Ne citons pas de noms propres; laissons saint Chrysostôme et Bossuet dans leur gloire. Aussi bien tout est dit sur ces magnificences du génie. Mais n'est-ce rien que la multitude innombrable de talens créateurs qui sont éclos sous le soleil du christianisme? Dans la littérature chrétienne, ce qui confond, c'est la foule, une foule immense, qui fait peut-être que la supériorité est moins aperçue, mais qui est elle-même une supériorité.

De même dans toutes les créations, de même dans la poésie, de même dans les arts, de même dans les sciences proprement dites.

Il est visible que l'esprit humain est monté de quelques degrés vers la lumière des cieux.

Dans le monde antique, c'est un philosophe, c'est un poète, c'est un historien, c'est un artiste qui se montre; dans le monde chrétien toute l'humanité participe à l'illumination de l'intelligence; on dirait le génie qui sort à flots.

Peut-être on dira que la médiocrité nous dévore dans cette affluence. La médiocrité! ouvrez les moralistes; ouvrez les poètes; ouvrez les orateurs; ouvrez les historiens; ouvrez cette immensité de livres de toute sorte. Qu'est-ce que la médiocrité qui se traîne après chaque siècle, lorsque chaque siècle peut laisser à l'avenir des tels monumens de sa fécondité et de sa grandeur?

Partout où le christianisme se montre, il en est ainsi. Partout il donne au génie humain une activité brûlante. Partout vous le voyez marcher avec des lumières et des chefs-d'œuvre; et lorsqu'il disparaît, la barbarie recommence.

Curieux que nous sommes des créations de l'homme, nous courons aux déserts lointains pour chercher quelque trace de l'art, quelque ruine de monument, quelque vestige de science. Eh bien! le christianisme a couvert la terre de chefs-d'œuvre, auxquels nous songeons à peine. Pour un temple grec dont nous allons baiser les débris, nous avons mille temples cachés dans nos hameaux comme dans nos villes, où se révèle une pensée de création plus audacieuse ou mieux inspirée. Quelle est donc la cité antique qui sera la rivale de nos mille cités élevées sous la croix? Rome, la reine des cités poétiques et mystérieuses, n'est-elle pas la ville chrétienne par excellence? Et tout ce que les empires modernes ont de monumens et de gloire, de civilisation et de génie, tout cela n'est-il pas chrétien? Vraiment l'homme finit par être d'une préoccupation aveugle et ingrate. Il ne voit rien et il ne sent rien, à force d'être environné de lumières et de bienfaits. Il faut, ce semble, que tout lui manque pour qu'il comprenne les dons du ciel. Alors il les cherche et il les bénit. Mais dans l'affluence des richesses, il boit l'oubli comme une volupté. N'est-ce pas dans la vie un signe de mort?

Résistons à ce penchant mauvais des ames, et voyons la société telle que Dieu l'a faite par le christianisme.

Il est certain historiquement que la révélation chrétienne a été l'apparition d'une lumière inconnue sur le monde.

Nous ne parlons présentement que de la science humaine. L'évangile a réveillé dans toute la terre un esprit scientifique qui dormait. L'intelligence s'est partout émue; et partout où il a passé, l'horizon des esprits s'est agrandi comme dans un espace sans terme.

Ceci est très remarquable, comme fait d'observation historique; car les premiers missionnaires de l'Évangile n'étaient pas des savans; c'étaient des bateliers sans culture, des pêcheurs pris au hasard dans les rang de l'ignorance. C'était donc que leur doctrine morale portait en elle le germe de toute science; comment ne le pas comprendre?

Et aussi sans aucune pensée de préméditation philosophique, il s'est trouvé que tous les missionnaires qui ont été chargés de perpétuer l'œuvre des pêcheurs de la Galilée, se sont faits à la fois les propagateurs de la science dans le monde entier. C'est que le prosélytisme chrétien emportait le prosélytisme scientifique, et il ne se pouvait pas que les peuples fussent éclairés sur leurs rapports avec le ciel, sans puiser dans cette connaissance le principe d'une science appliquée seulement aux choses de la terre.

De là le mouvement immense donné aux idées depuis la mort de Jésus-Christ; de là la longue lutte contre la barbarie; de là l'immense effort des âges contre l'erreur; de là des modifications graduelles dans tous les établissemens politiques des nations; de là des établissemens publics d'éducation dans toutes les cités; de là un affranchissement successif des hommes; de là des universités; de là des découvertes infinies; de là des monumens de toute sorte; de là des bienfaits versés sur les masses populaires, autre espèce de *rédemption* parallèle à la rédemption mystérieuse que le révélateur promis au monde dès l'origine avait accomplie.

On ne saurait ici nombrer tous les bienfaits scientifiques du christianisme. Le sacerdoce chrétien a été l'instrument de toutes les civilisations; le méconnaître, c'est méconnaître l'histoire.

Donc ne parlons plus des travaux des moines, ni des chefs-d'œuvre du génie humain sauvés dans les monastères du moyen-âge, ni de la liberté des peuples, protégée par le clergé catholique; ni de tous ces grands résultats historiques que la science de nos jours commence à mieux apprécier.

Mais n'est-ce pas que l'œuvre chrétienne se perpétue quelque part encore sous nos yeux? Quelle est donc la puissance qui dispute obstinément les peuplades de l'Inde et de l'Afrique à tous les fanatismes de la barbarie, si ce n'est la puissance du christianisme? N'est-ce pas le christianisme qui a conquis l'Amérique à la vieille science de l'Europe? N'est-ce pas en avançant toujours dans les déserts qu'il a fait reculer les mœurs féroces des Etats sauvages? Le christianisme assurément n'affranchira pas l'humanité des révolutions et des crimes; mais puisque ici nous parlons de lumières, le christianisme avec sa croix toute seule n'est-il pas la lumière qui s'avance au milieu des hommes, soit qu'il aille les trouver dans l'abrutissement de la servitude sous le glaive d'un maître, ou dans la dégradation de la liberté sous la hutte des forêts?

Place donc aux missionnaires de la croix dans l'univers! ils sont à la fois les missionnaires de la science. Silence à leur parole! c'est une parole de civilisation, comme de vertu et de charité. Nous appelons le progrès de l'intelligence; laissons paraître l'Évangile. Voici une démarcation profondément empreinte dans l'humanité : d'un côté la liberté, de l'autre la servitude; d'un côté la science, de l'autre la barbarie. Quelques exceptions dans l'histoire ne font rien à cette loi. Touchez-vous une terre inculte et sauvage? le christianisme n'est pas là; touchez-vous une terre ornée et féconde? levez les yeux; quelque dôme vous montrera la croix. Et prenez garde que la croix se déplace de temps à autre, et qu'alors la science se déplace à son tour! Allez visiter le sol africain, et demandez-lui quelque souvenir de son vieux génie : tout est muet, et la mémoire même a péri sur cette terre désolée. Oui, le christianisme est la science; s'il se montre, elle vient; s'il disparaît, elle fuit : donc, ayant reçu la science du christianisme, gardons le christianisme pour ne pas perdre la science.

Nous savons à présent tout le mystère de l'homme et du monde; nous avons vu cet abîme où la raison se perd. Cette expérience faite sur l'humanité n'est pas sans profit pour la philosophie; car c'est beaucoup que l'homme sache sa débilité. S'il se croit fort, il meurt aux pieds d'un atome; mais faible, il monte au ciel par la pensée; et de là tout se découvre. De sorte que, par une dernière analogie qui complète toutes les autres, le principe de la science humaine, comme le principe de la perfection chrétienne, c'est l'humilité.

A présent recueillons-nous, et demandons-nous si cette manière d'envisager la science humaine ne répond pas à un certain pressentiment de destinées nouvelles qui travaille le monde intellectuel.

Le christianisme, nous l'avons dit dès le début, reparaît comme une inspiration mystérieuse dans les travaux de l'intelligence. Il fallait *écraser l'infame* il y a un siècle; il faut à présent l'invoquer comme le génie sauveur de l'humanité. Ne nous créons pas d'illusions et ne poursuivons pas de chimères; mais reconnaissons et constatons ce retour des ames vers une pensée céleste. Il y a du vague encore dans les idées; c'est qu'elles sortent d'une profonde nuit; rayons lumineux qui percent les nues et servent d'annonce à l'éclat du jour.

Après tout, laissant à Dieu tout le secret de l'avenir, il nous est donné du moins de saisir les caractères extérieurs de la révolution morale qui se fait dans la société; et ce spectacle est par lui-même assez imposant.

Voici le monde entier dans une situation inconnue à tous les âges; voici tous les peuples de l'univers liés entre eux par une civilisation parvenue à un degré mystérieux. La pensée humaine vole dans l'air par des procédés qui, en un clin d'œil, la jettent d'un pôle à l'autre, et soumettent ainsi tous les habitans du globe à un même empire. La barbarie n'a guère plus de forêts dans le monde; l'état sauvage est vaincu. L'industrie, qui pour la cupidité est tout le progrès de l'esprit, devient pour la science une communication de plus; et croyant ne donner aux hommes que des richesses, elle leur crée des liens d'intelligence. Jusqu'à une certaine communauté de besoins physiques, de goûts, de modes et de plaisirs, vient s'établir entre tous les peuples. La Chine a des arts qui semblent éclos à Paris; le sentiment de la perfection se glisse dans l'Inde antique et dégradée, comme dans l'Amérique nouvelle et déjà vieillie. L'Europe n'a plus sa domination savante et lettrée sur le reste du monde; une large égalité de lumière s'est partout répandue à flots. L'Asie s'est ouverte aux idées de l'Occident; l'Orient se refait; la Grèce semble aspirer à une renaissance; la barbarie ottomane fuit; la terre autrefois touchée par saint Louis est destinée à revivre sous la croix. Tout un travail de renouvellement se fait dans le monde ancien comme dans le monde nouveau. Et pour instrument de cette immense transformation, voici qu'une langue devient universelle, langue de politesse, de clarté et d'élégance, qui semble avoir été faite pour servir d'illumination aux esprits.

Cette langue, c'est notre langue!

Quel est le coin du globe où elle n'ait son empire? Vous la trouvez dans les déserts de l'Amérique, et voici qu'elle s'ouvre un passage sous les tentes des Bédouins. L'Égypte la reçoit en hospitalière, et lui confie la mission de rajeunir sa civilisation dégénérée. S'il est une nation qui se sente appelée à prendre un haut rang entre les nations savantes, elle appelle la langue française à son aide; et la langue française lui apporte aussitôt, avec ses chefs-d'œuvre, toutes les finesses de l'intelligence, toutes les grâces de l'esprit, l'instinct du beau, le sentiment de la poésie, l'inspiration des arts. Toutes les académies du monde se tiennent par ce lien savant. Les rivalités politiques cèdent à cet empire intellectuel, plus puissant que tous les autres. La docte Allemagne le subit sans murmure. La Russie l'accepte avec amour. Nul peuple n'échappe à cette domination.

Mais quoi! n'est-ce rien de merveilleux que cette grande unité qui s'établit pacifiquement dans l'esprit? n'avons-nous pas à pressentir quelque chose de providentiel dans ce travail moral qui va atteindre la barbarie dans ses déserts pour la soumettre aux mêmes lois intellectuelles que la civilisation la plus raffinée?

Lorsque le christianisme descendit parmi les hommes, une vaste unité s'était de même établie sur la terre; c'était celle de la domination d'un peuple sur tous les peuples; unité formidable, mais qui devait servir de préparation à cette autre unité de la science, de la vertu et de la liberté, que les hommes ont rompue par leurs vices et dégradée par leurs folies.

Quelque chose d'analogue se fait sentir. Dans ce lien universel qui s'est formé entre les peuples par la pensée et par les arts, il y a aussi la préparation d'un ordre inconnu à l'humanité. Le mystère en est au ciel, mais le pressentiment en est au fond de toutes les ames. Cette vague espérance ne saurait être trompée. Quelques-uns demandent à l'avenir je ne sais quel christianisme nouveau qui répondrait selon eux à ce besoin infini de rajeunissement et de réparation. Ils ne savent pas que le christianisme, restant ce qu'il est, féconde par son génie immortel toutes les transformations sociales amenées par le cours des âges. Éternellement vrai, et éternellement le même, il verra passer et repasser les révolutions, et il restera debout sur les ruines. C'est pourquoi, voulant donner à la science humaine son action forte et puissante sur la marche du monde, nous avons à la rattacher à la racine du christianisme, qui, par son caractère de vérité immuable, domine tous les changemens. Ainsi nous pouvons aider à l'accomplissement des destinées mystérieuses qui semblent planer sur notre avenir. Ne croyons à rien de chimérique, mais ne méconnaissons point le travail profond qui se fait sur la société. Une grande préparation est faite pour une révolution inconnue; le monde l'attend; mais comme il n'est donné à nulle pensée humaine d'en marquer la nature, il nous est seulement permis d'affirmer qu'elle ne sera féconde pour le bonheur et pour la liberté des hommes qu'autant qu'elle s'inspirera du génie du christianisme, ce bon et éternel génie de l'humanité

FIN.

TABLE.

FIN DE LA TABLE.

www.ingramcontent.com/pod-product-compliance
Ingram Content Group UK Ltd.
Pitfield, Milton Keynes, MK11 3LW, UK
UKHW020305220726
13923UKWH00003B/1014

9 782019 282998